陈明达全集

【第二卷】古代雕塑与石窟艺术研究

陈明达 著

浙江摄影出版社

图书在版编目（ＣＩＰ）数据

陈明达全集. 第二卷，古代雕塑与石窟艺术研究 / 陈明达著. -- 杭州 : 浙江摄影出版社，2023.1
ISBN 978-7-5514-3729-5

Ⅰ. ①陈… Ⅱ. ①陈… Ⅲ. ①陈明达（1914-1997）－全集②雕塑史－中国－古代③石窟－研究－中国 Ⅳ. ①TU-52②J309.22③K879.204

中国版本图书馆CIP数据核字(2022)第207093号

第二卷　目录

漫谈雕塑[①]

引　言

很多年来在做建筑调查的工作中，经常接触到雕塑作品。为时既久，自然生出爱憎。自己习以为常，也未去钻研探讨、深入研究。近来在工作中常和同志们讨论到这些问题，感觉到有把积在心中的个人爱憎写出来的必要，假如能由此引起更广泛的讨论，以得出一个对我国雕塑发展有系统的结论，那就更是所希望的了。但有几点要声明如下：

（一）所谈只限于手头的资料，有一些东西在记忆中是有的，然而一时找不到材料，只好暂时不谈，例如从隋、唐（或更早）开始就有的道教造像。

（二）虽然分了几个段落，却并不连贯，只说到每个段落中的主要部分，其他都略去了，例如隋代是一些由六朝风格转变到唐代风格的过渡作品。

（三）有很多重要作品没有谈到，例如由汉到宋的陶制或瓷制的偶俑之类，是与雕塑不可分的，而且更充分地表现了人民的生活，制作也是精美的，只是平常跟它的接触少，连不正确的爱憎也提不出来。

（四）没有谈到细部的变化，是由于个人以为细部手法虽然也是要研究的，但首先要体会整体的精神，才不致被细小部分所牵扯，因小而失大。

---

① 本卷部分章节标题系整理者所加。

一、先秦两汉雕塑

纪元前十四至前十二世纪殷商青铜器时期遗留到现在的文物是相当丰富的[1]，其中主要的是铜器、陶器、骨器、甲骨以及石雕的装饰品。我们最常见的铜器、骨器、白色陶器上的花纹，都是以极精细的图案为地，再加上图案化的兽形［插图一］，这就是习称的雷纹和饕餮纹。这些图案都是由极精细有力的线条所组成的，它的构图是极端对称的，内容富于象征的意味，使人见到它就有严肃神秘的感觉，由此可以体会到上古祖先和自然界斗争的紧张生活。人们现实的生活是被还没有弄清楚的自然现象所围绕着的，以至很少对人类具体生活的描写，只是对自然现象象征性的描写。也许这正是企图寻找、掌握自然现象规律的表现吧？可以由各种线雕图案中看到极为丰富的艺术创作力，它们的力量足以很好地描写人类以及各种生物。例如，殷墟出土用白色大理石雕成的鸱鸮和人像［插图二、三］，都是极为古拙朴实的作品，表达出原始浑厚的情感。然而就是这样的作品，它本身也带有图案性（或者说装饰性），并且在它们的各部分也都雕刻着与铜器上类似的雷纹和饕餮纹。由商代开始用严格的线条组成的图案整整控制了十几个世纪，直到汉代才有显著的变化。

插图一　殷　骨雕图案

当然在这样长的时间中不是毫无改变的。那种表现极端紧张严肃的图案逐渐趋向开展，由紧张中解放出来，日益轻快。所以由商而周、而战国至汉的铜器花纹可以不难辨别。同时约从周代（纪元前十一至前三世纪）开始走向了写实作风。洛阳金村

[1] 晚清以来，“商代”这一朝代名称，在学术界又习称为“殷”“殷商”，尤以“殷”最为常用。作者在本文中沿袭了这一习惯性称谓。

插图二　般　鸱鸮形石雕

插图三　般　石雕像

和浑源李峪出土的几组铜像，便是这时代末期的作品，在我国雕塑史中是一些最早的惊人的作品。其中一个双手执棒的顽童［插图四］，那聚精会神注视棒端的神态，把孩童喜爱玩具的天真而又小心的情感描写得极为恰当。另一作品浑源李峪出土的青铜卧牛，以同样质朴的手法正确地表现了它各部分的肌肉和动作，使你感觉那是一头喘息未定、刚刚卧下来休息的牛。西汉时期（纪元前一世纪末），霍去病墓前的石马［图版1］和数量极其丰富的汉代陶俑，都是极朴实严谨的作品。一般地，两汉时期人像作品是集中力量在面部的表现上，注意面部情感的表现，对身体其他部分则只表示动作和衣服形态而已。在少数兽类的写作上则写实的成分较多，而一般墓前的石兽则更多地保持着装

插图四　周　洛阳金村出土铜人

饰性的作风，例如东汉末年高颐墓前的石兽［插图七］。

战国铜器上就有了线刻的故事画，如狩猎图之类。到汉代画像石这类题材更多，如东王公、西王母、孔子见老子、荆轲刺秦王、孝子图等故事。它们由传统的线刻发展为全面凸出的方法，这是在两城山、孝堂山、武氏祠等处画像中都可见到的［插图五、六］。我们的前辈称这类作品为“画像石”是极为恰当的，因为它不是雕刻的趣味，而是绘画的趣味，不过这些图画是以凸出画面的平面为表现的方法。这些画面的结构又是力求布局的均衡，成行排列的人像或对称的图画，仍然是极浓重的图案趣味。虽然在汉代末年出现了如高颐墓阙上的雕刻［插图八］，画面凸出较复杂，而凸出的也不是平面而是弧面，然而到底它还没有走出平面凸出的图案和绘画的范畴，同时也仍然表现着传统的线条趣味。

这种对极端对称的图案性的线条的爱好，是我们民族艺术基本的特征之一。在商代线刻图案中如此，在由周到汉的立体雕刻和画像石中也是如此。南北朝以后的佛教雕像衣纹是以线条图案趣味为主的，排列是完全对称的。各时代陵墓前的石人石兽、庙宇建筑前的石兽，也都是对称的、图案化的，只是由古至今程度深浅不同罢了。在其他艺术

插图五　汉　两城山画像石

插图六　汉　武氏祠画像石

插图七　汉　雕　高颐墓前石兽（陈明达摄于 1939 年）

插图八　汉　浮雕　高颐阙上部（陈明达摄于 1939 年）

中也同样具有这一特征。例如，建筑是对称的、有主有宾的，建筑装饰是图案化的。在绘画中山石的皴法、树叶的点法是以线条为主的、图案化的，而且是那样恰当。我们历代的艺术家善于抓取自然现象的神态，使之图案化，而无伤于对生物的正确描写。所以，那些图案化的松叶、竹叶、枫叶种种的点法，都能忠实地描写出各种树木的神韵。并且就现存的古代艺术遗物看来，这一方法似乎首先是从雕刻艺术中发展起来的。

二、魏晋南北朝隋唐雕塑

魏晋之际，社会矛盾日益扩大，外来民族的侵略频繁，统治阶级原有地位极不稳固，表现出没落情绪，崇尚玄学思想。一般人民在连绵的战争中，生活被破坏到极点，也产生了苦闷的情绪。此时传入的佛教便获得了发展的地盘。统治阶级不惜以大量财力开凿石窟，艺术家因之获得充足的条件发挥创作能力，把这新加入的因素吸收融合到传统的文化中，增加了新的滋养料，使得雕塑艺术顿显丰富，并急速地向前发展了一大步。从朴实沉着的线条，变成生动活泼，从紧张严肃的情感，变为轻松愉快，充分表现了试图从宗教信仰中得到解脱；带有图案性的平雕则发展成为新型的浮雕，立体雕刻从只描写面部情感，发展到兼能正确地描写体量和质量。于是，南北朝时期（约由公元四世纪至六世纪）的二百年中的雕塑呈现了崭新的面貌。在现存重要雕塑遗物中，如敦煌千佛洞创始于苻秦建元二年（公元366年），大同云冈石窟创始于北魏神瑞年间（公元414—416年）[①]，洛阳龙门石窟创始于北魏景明初（约公元500年），都是这时期规模最大、内容最丰富的大创作群。规模较小的还有太原天龙山北齐石窟，磁县、武安南北响堂山北齐石窟，天水麦积山北周石窟，永靖炳灵寺北魏石窟，巩县石窟寺等等。[②]分散于各地的铜石造像、碑刻，更是难于统计［图版4～6］。

像南京六朝陵墓前所作的石兽［图版2］和铜雀台出土的石雕作品，是完全沿袭前

---

① 关于云冈石窟的创始年代，有“神瑞说”“兴安说”“和平说”等，作者在此文中采纳“神瑞说”，但以后改为采纳“和平说”（公元460年起）。

② 对此，作者有所修订，见本卷《北朝晚期的重要石窟艺术》一文。

一时期作风的雕刻——它们仅仅是变得柔和些，在现存数量上是极少的，可见它不是当时艺术创作的重点。

现在以云冈第6窟的雕像为例［插图九］，看一看北魏的雕像。人像的立体雕塑，已经不是只表现神态，而注意到了身体各部分的构造和肌肉的表现，所以它是活的，是动的，是体量的表现。在面貌上，摹写佛的面貌极为成功，他那高鼻曲发（或螺发）、修长的面孔、薄而上弯的嘴唇，使人一见即能辨别他不是中国人——因为释迦牟尼出生于印度。云冈造像的创作者是谁、是如何创作的，都缺乏记载，然而古代艺术家对自己的作品要求是很严格的。我们看看《法苑珠林》卷二十四这段记载：

插图九　北魏　雕　云冈第6窟释迦三尊像

……晋世有谯国戴逵字安道者……作无量寿，挟侍菩萨，研思致妙，精锐定制，潜于帷中，密听众论，所闻褒贬，辄加详改，核准度于毫芒，审光色于浓淡……委心积虑，三年方成，振代迄今，所未曾有……道俗观者皆发菩提心……（原注一）

又同书卷二十一：

……东晋会稽山阴灵宝寺木像者……戴逵所制……致使道俗瞻仰忽若亲……

这躲藏在幔帐后听取观众意见、仔细修改作品的方法，简直是集体创作的方法，其作品必然是大众化的，是现实主义的。当然我不是说云冈造像的创作者和戴逵是同样的作风，但在这个时代中，创作者对其作品的要求是极明确的。云冈造像的安静和蔼、口角微笑的神态［图版 3］，的确使人有“忽若亲”之感，可知它是通过人的感情所创作的典型形象，才能使人对它发生亲切的感受。同时它所表现的又不是人，它和人有某种程度上的区别，因为它是“佛”，是“菩萨”，带着宗教的气氛，必如此才能使人“发菩提心”，皈依佛教。而罗汉因为尚未成佛便有着较多的人性［插图一〇］。这安静、和蔼、微笑、俯首而坐（或立），穿着极薄的重叠多褶的衣——惯称的湿褶纹或形容为“曹衣出水”——的造像，便是这时期的标准创作。无论在云冈、龙门的石雕［插图一三、一四］，或在敦煌的泥塑［插图一八］，都不分地域地属于同一范畴。同样地，我们不难从这些造像中体会到那宽松的服装是一种极薄而软的质料，尊像们是迎风而立（或坐）的。这薄而软的衣裳被风力轻巧地附着在肉体上，那衣角迎风微微飘起，所有这些都反映着魏晋时期人民放纵潇洒的生活——所谓超脱。所有这些都是用扁平简单的刀法，极不费力便表现出了应有的质量和动的形态。

还必须注意到，所有这一切都是在传统的优秀基础上发展起来的。虽然是立体雕刻，却充满了线条的趣味，显然是与古代铜器上极精细的线条一脉相承，而更丰富、更

插图一〇　北魏　雕　云冈第18窟罗汉像

插图一一　北魏　雕　云冈第7窟

插图一二　北魏　雕　云冈西部小窟飞天

插图一三 北魏 雕 龙门宾阳洞释迦本尊像

插图一四 北魏 雕 龙门宾阳洞胁侍菩萨像

富有内容、更生动了。更使人惊叹的是由于面貌、形态、衣纹的图案性的传统精神，以及在丰富的石窟雕像群中，由于各个雕像间共同之点，引起了一种重叠的旋律（插图一一、一五以及其他同时期的作品），具有强烈的吸引力。这就是到过云冈、龙门的人都发生不可抗拒的留恋、不舍离去的原因。立体雕刻的发展在这时不能不说是急骤的，拿任何一个作品与前一时代的相对照，都完全不同了。缺陷是当时的艺术家不愿把全部的比例做得更切合些，一般都是头部过大，也有一些臂、腿的结构不尽合适。然而这些造型上的缺陷，是完全可以由丰富的内容和情感、神态的表现来弥补的。

至于浮雕，如龙门宾阳洞有名的帝后礼佛图［插图一六］和还为大家所不太熟悉的渑池鸿庆寺北魏石窟中的浮雕［插图一七］，都仅是在脸上表现了浮雕的趣味——有体量的表示，其他部分仍然是一些凸出的平面，所以仍是绘画的趣味，仍然以线条为表现的方法。这更明显地说明是由古代图案式的线雕和画像石发展起来的，发展了那些精湛的方法和神态，摒弃了那刻板笨拙。这样的浮雕是我们民族所特有的。它以最简洁的方

插图一五　北魏　雕　龙门古阳洞坐佛像

插图一六　北魏　浮雕　龙门宾阳洞帝后礼佛图

法，正确地表达了创作者的思想，而不拘泥于刻板的造型描写。但是这并不是说那时不会作正确表现体量的浮雕，其实很多佛传图、飞天浮雕［插图一二］都具有饱满圆润的手法，而是说在这一时期中一种大胆的优秀的浮雕创作获得了极高的成就。

约在公元八世纪时，盛唐雕塑艺术发展到了最高峰。这一时期遗留至今的作品真是不可胜数。南北朝创建的石窟，如敦煌、龙门、天龙山、麦积山、炳灵寺，在这时都继有兴造。而山东的驼山、云门山、玉函山、神通寺，四川大足[1]的北崖、佛湾，广元的千佛崖、皇泽寺，

插图一七　北魏　雕　渑池鸿庆寺石窟

[1] 大足，今属重庆市。

乐山的凌云寺、龙弘寺，夹江的千佛崖，都是这一时期前后所创建；还有在四川几乎随处可见的小摩崖造像和记载于志书上至今尚未调查的石窟，如仁寿、荣县、巴中、通江等处的千佛崖。所以四川还是唐代雕刻的一大仓库，正待我们去清理。

唐代结束了南北朝长期战争，缓和了社会经济的矛盾，人民暂时获得休养生息的机会，社会生产力得以提高，到盛唐时呈现了繁荣富足的现象。由于人民对现实生活的满足，对佛教信仰表面上虽仍维持着甚至更高涨，实际上则只是一种风俗习惯，而不是像南北朝时那样以之为精神的寄托。这反映在佛教雕刻中的便是一切面貌衣饰完全取之于当时的生活。如以唐代绘画或非宗教的雕刻面貌对照着看，便可找出它们的共同点。由这些面貌的共同特征——丰腮、短而厚的嘴唇、饱满的下巴、初月形的眉毛、外角微向上弯的眼睛、圆而近方的脸型［插图一九、二〇］，可以断定当时的艺术家是以何等热爱

插图一八　北魏　塑　敦煌第432窟释迦三尊像

插图一九　唐　塑　南禅寺菩萨像

和平生活的思想，寻找出了这当时人民所公认的典型面貌。一般的衣纹已不是前一时期多褶而飘起的，而是有力的下垂［插图二四，图版 7］。如果认为南北朝佛像穿着的是丝织的薄纱，那么唐代的佛像已改为穿着绸缎了。这质量是以圆润的刀法表现出来的，同时也注意到了全体的比例和饱满的肌肉。它们是合于解剖学的，在较大的作品上又并不拘泥于解剖学，照顾到了因透视发生的误差，把头部、胸部以上适当地加大［插图二〇、二一］。佛是庄严慈悲端坐的［插图二〇、二四，图版 7］，侍立菩萨是和蔼可亲、曲身而立的［插图一九、二三，图版 7］，供养菩萨表现了虔诚恭敬［图版 8、9］，金刚力士则尽力表现他的肌肉坚强［插图二二］。这都是以极精美的手法，创作了他们所理想的、恰如其分的各种典型。

唐代的作品都是饱满富丽，充满着生命力，而不是单纯的泥胎木偶。一切都是那样

插图二〇　唐　雕　龙门奉先寺本尊像（陈明达摄于二十世纪五十年代）

插图二一　唐　雕　龙门奉先寺菩萨像

插图二二　唐　雕　龙门某小洞力士像

插图二三　唐　塑　佛光寺侍立菩萨像

自然，没有丝毫做作勉强。这些坚硬的石头、软弱的黄泥，竟是变成肌肉、衣服等应有的质量和活生生的内在的性格。这一切也都反映着人民对美好生活的爱好。艺术家把生活中美好的典型，借着宗教题材，一一表现出来了。这也必然是在社会经济高涨的时代中才能产生的艺术。

但是，这种多少还带有宗教气氛的艺术，对生活的描写仍嫌不够直接，只有在遇着更适宜的题材时才能更充分地发挥出写实的情感。可惜为数不多，仅表现于佛传图——关于释迦牟尼的故事——和供养者的创作上。前者大多是以浮雕的形式出现，如广元千佛崖和麦积山第133窟所雕的，都是极生动地直接描写人们生活情况和大自然的风景，以之与严肃的"经变"比较起来，截然不同。后者如广元皇泽寺相传是武则天的石雕供养像［插图二五］和一个在大佛脚边的供养者像［插图二六］，以及五台佛光寺宁公遇供养像［图版9］之类，都是极纯熟的写实作品。尤其是广元皇泽寺大佛下的那个供养人像，表现出一副惶恐卑微的神气。它的高度仅及大像的足踝，对比之下更显得它的微

插图二四　唐　塑　敦煌第328窟本尊像

插图二五　唐　雕　广元皇泽寺传武则天像

插图二六　唐　雕　广元皇泽寺供养者像

小。它使人感觉到这个创作者是以多么深刻的思想给当时的统治者描绘出这副讽刺的面貌。

唐代雕塑家是力求以对现实生活的描写来反抗宗教的束缚的。唐代最有名的雕塑家杨惠之就曾塑过当时倡优人留杯亭的像（原注二）。其他有如《酉阳杂俎》续集卷五：

> 光明寺中鬼子母及文惠太子塑像，举止态度如生，工名李岫。

《全唐文》卷七百九十一王洮《慧聚寺天王堂记》：

> 天竺堂实翼西北隅，塑状若耸，屹然拄空，金精狞环，力溢膺腕，彘卒象伍，

作为部落……披甲担戈，立于烟霭……

它们所描写的都是活生生的“举止态度如生”和“力溢膺腕”“披甲担戈”的人像，没有一点宗教气息。最有趣的是《景德传灯录》卷五《慧能传》：

……又有蜀僧名方辩来谒师，云善捏塑。师正色曰：试塑看。方辩不领旨，乃塑师真。可高七寸，曲尽其妙。师观之曰：汝善塑性，不善佛性……

可见这位蜀僧方辩热衷于现实的描写，反被宗教中人慧能斥为“不善佛性”了。

上面所说佛传图一类的浮雕，仍然是一种传统的凸出的绘画，尤其那表现山石皴法、树叶点法的形式，完全是传统的绘画。当然，它比南北朝同类的作品生动活泼得多了，画面的处理竟是随心所欲，无往而不适，创作的纯熟真是不能不使人惊叹。另一种浮雕的典型作品唐昭陵六骏图［插图二七］，用极深厚的手法，给历史上的六匹名马留下了活生生的形态。这是五个世纪以来，完全跳出佛教题材以外最精美的作品。也还必须提到四川大足佛湾的规模巨大的深浮雕［插图二九、三〇］，这里把敦煌石窟壁画中习见的经变图化为雕刻的形式出现了。这复杂的画面、繁多的层次，竟能用浮雕的方法，处理到极为完善妥帖的程度。这样伟大的创作，不但是我国艺术的珍宝，在世界雕刻史上也是最突出的作品。

插图二七　唐　浮雕　昭陵六骏之一

插图二八　唐　雕　偃师太子陵石狮

插图二九　唐　浮雕　大足佛湾净土变图

插图三〇　唐　浮雕　大足佛湾净土变图（局部）

带有装饰性的雕刻品，在这时也达到了高峰。陵墓前的石兽再不像是汉代或南北朝那样古朴和带有神秘的感觉，而是生气勃勃的动物的神态［插图二八］，虽然它仍是装饰性的，但没有因为要使它装饰化而忘记了应有的表现。在很多碑首、碑座、柱础、佛座等上面所作的精巧小作品，都具有同样的作风［插图三一］。

总之，在这一时期的遗物中，处处都可看到用圆润富有韧性的刀法，创造出充满了活力、热情而饱满的作品。无论人像、动物、花纹，都带有极高尚的韵调，都充满了蓬勃的生机。

我们另一个民族艺术的基本特征就是极富丽的彩色，善于使用矿物质的不透明的原色和以黑、白、金三色调节每两个纯色的强烈对比。朱色的运用早在殷代就有，秦、汉时即已运用朱、青、绿三色了。古代的陶器有用彩色装饰的，汉代漆器、壁画使用了极直爽的原色，建筑装饰千余年来始终是使用原色组成的彩画，在各个石窟中所遗留的痕

插图三一 宋 雕 汜水等慈寺石础

迹，明显地告诉我们这些颜色也应用在雕刻上。这样，就在所有的艺术作品中都应用着彩色了。而最富于传统的是数千年来始终以朱、青、绿三色为主。到了唐代，中间色和金色的使用范围才日渐扩大，色彩的内容更加丰富。当然，这并不是说唐代抛弃了传统的朱、青、绿三个主色，而是说它利用了较多的中间色，把三个主色陪衬得更为富丽。正是对彩色的传统爱好，使得很多建筑雕刻艺术品每经历一个时代便重新描绘一次，使得我们要确认某一时期的彩色较为困难。幸而敦煌石窟在建筑上、在雕塑上，都保有了一些唐代原来的色彩，加之有色彩丰富的壁画可资对照参考，才使我们对彩色的运用和发展获得较多的知识。

三、辽宋金元明清雕塑

唐代晚期雕塑开始走向下坡路，逐渐失去气魄。辽及北宋的作品大体上继承唐末的形式，而气韵则远不及盛唐，缺乏生气，不能纯熟地表达出质量的感觉。大同下华严寺薄伽教藏殿塑像［插图三二］，约成于公元十一世纪中，是辽代现存作品中最精的一群，然而庄严有余，生动不足，气韵远不如公元九、十世纪的作品，但大体上仍是丰满的，形式上、比例上是均衡的。再晚一个世纪，约在公元十二世纪中期所作的朔县崇福寺弥陀殿塑像［图版 11］，则连这饱满的形态都不能表达出来，尤其那几尊主像的面部，显得多么臃肿。元代遗留至今的作品较为稀少，历城县龙洞石窟公元十四世纪初造像［插图三八］以及居庸关公元十四世纪中浮雕四天王像都是较难得的作品，它们在技术上却是草草了事、交代不清，或者只求精细、缺乏生气，所表现的面貌常常使人发生恐怖或神秘的感觉，也许这正是受元代蒙古人残酷压迫的反映吧！

由唐至元，面貌、形体日趋臃肿笨重，流畅的衣纹日益萎缩。形式的没落，正是反映着内容的贫乏。由此可以看出，人民在长期沉重的封建统治压迫下已疲于奔命，无暇于艺术创作，造成了这“存其形而失其神”的作品。

但在这没落的过程中，曾经出现过几次波折，都是踵接着唐代写实作品发展来的。约在公元十至十一世纪间创作的甪直保圣寺罗汉像［插图三三、三四］，描写了佛徒的各种形态，像那年长者深思苦虑和年轻者充满好奇心的神态都是那样深刻。最惊人的是公元十二世纪初创作的太原晋祠圣母殿中的四十四躯宫女像［插图三五、三六，图版10］，用传统的极熟练的手法，

插图三二　辽　塑　大同下华严寺薄伽教藏殿本尊像（中国营造学社旧照）

插图三三　宋　塑　甪直保圣寺罗汉像之一

插图三四　宋　塑　甪直保圣寺罗汉像之一

做出四十四个不同年龄、不同个性的精美作品，并且忠实地做出了当时的服装。这时，那种唐代的圆的脸型已不为人们所爱好，长圆的脸型已成为这时的典型。同时，这些塑像初次做了摆脱图案性的大胆尝试，完完全全地表现出人性的生活的韵律。它是足以引起任何人的共鸣的，它反映出了我们在生活中曾感觉到的情感，因此当我们看到它时，立刻就想到“对，在我的生活中曾经认识那样类型的人”。是不是雕塑的方向在这时有所转变呢？我想不是的。虽然这类作品在公元十四至十五世纪初都还有遗留［插图三七、四一］，但为数极稀少，而其气韵也是在下降着。所以这是在没落过程中昙花一现的作品。它虽有着极高的成就，而气魄总还敌不过盛唐。

明代是力求复兴的，是在没落过程中极力挣扎的时代，所以有着很多刻意求精的作品。它们在模仿盛唐的作品，并且企图找出一个一定的法则或程序——事实上，已达到这要求了，其结果是程序化的雷同和极规矩谨严的作品，是纤弱细巧的作品。它们的

插图三五　宋　塑　太原晋祠圣母殿宫女像

插图三六　宋　塑　太原晋祠圣母殿宫女像

插图三七　元　塑　赵城广胜寺明应王殿前侍像

每一个细部都努力于对唐代的模仿和力求精致——这一目的也达到了[插图三九、四〇]，只是始终不能得到很高的气韵，缺乏内在的力量，终究只使人感觉到是一些制作精细的偶像而已。这一努力的结果可以说是古代雕塑的回光返照。自公元十七世纪末期以后，再也没有振兴的能力了，就是最精的作品[插图四二]，也只能使人得到泥胎木偶的感觉，或者把戏台上的服装、假面、假须搬到塑像上来，明显地告诉人们这是一幕木偶戏。更其次的则竟是一些儿童玩具的形态，如果这是有意的对迷信的讽刺，那倒真是达到很好的效果了。

插图三八　元　雕　历城龙洞石窟之一

然而盛唐成熟的高度写实艺术哪里去了呢？或者是遗存的雕刻品还未被发现？是不是自那时以后艺术家们就不再作雕塑了呢？我现在还不能确切解答这一问题。我只能说宋代是绘画艺术的最高峰，至今遗留的绘画精品大多成于宋代。从明、清两代的工艺品和建筑艺术中，如石栏杆、玉路、须弥座等等的花纹雕刻看来，它们的技术是日益精进的、日益纯熟的。清代乾隆时期

插图三九　明　木雕　太原崇善寺本尊像之一

插图四〇 明 雕 大足宝顶寺石窟之一

插图四一 明 木雕 北京护国寺藏姚广孝像

插图四二 清 塑 热河普宁寺本尊像

（十八世纪中叶）的工艺品，如玉器、骨牙雕品是极精致的所谓仿古作品。艺术发展具体表现在何种类型的作品上，可能也是因各时代社会经济的不同而有所转变吧！

作者原注

一、戴逵，晋武帝时人。《晋书》卷九十四："戴逵，字安道，谯国人也……工书画，其余巧艺靡不毕综……"

其子戴颙亦工造像，《宋书》卷九十三："戴颙，字仲若，谯郡铚人也……父善琴书，颙并传之……自汉世始有佛像，形制未工，逵特善其事，颙亦参焉。宋世子铸丈六铜像于瓦官寺，既成，面恨瘦，工人不能治，乃迎颙看之。颙曰：非面瘦，乃臂胛肥耳。既错，减臂胛，瘦患即除，无不叹服焉。（元嘉）十八年卒，时年六十四。"

二、《五代名画补遗》："杨惠之不知何处人，唐开元中与吴道子同师张僧繇笔迹，号为画友，巧艺并著，而道子声光独显，惠之遂都焚笔砚，毅然发奋，专肆塑作，能夺僧繇画相，乃与道子争衡。时人语曰：道子画、惠之塑，夺得僧繇神笔路……且惠之之塑抑合相术，故为古今绝技。惠之尝于京兆府塑倡优人留杯亭像，像成之日，惠之亦手装染之，遂于市会中面墙而置之，京兆人视其背，皆曰：此留杯亭也……"

（原载《文物参考资料》1955年第1期，本卷选用时据作者批注略有删改）

图 版

图版1　汉　雕　霍去病墓前石马

图版2　六朝　雕　梁陵石兽

图版 3　北魏　雕　云冈第 22 窟大佛

图版 4　麦积山第 133 窟北魏第 10 号造像碑局部（原刊封面）

图版 5　北魏景明二年造像（原刊封二）

图版 6　北魏普泰元年造像（原刊封三）

图版 7　唐　塑　佛光寺本尊像（陈明达摄于二十世纪五十年代）

图版 8　唐　塑　佛光寺供养菩萨像（陈明达摄于二十世纪五十年代）

图版 9　唐　塑　佛光寺宁公遇供养像（梁思成或林徽因摄于 1937 年）

图版 10　宋　塑　太原晋祠圣母殿宫女像（原刊彩插）

图版 11　金　塑　朔县崇福寺弥陀殿本尊像（陈明达摄于二十世纪五十年代）

四川巴中、通江两县石窟介绍

巴中县在四川的东北部，从唐代开始就是巴州，到民国初年才改为县。据县志记载，在城的四郊都有造像石窟。在东面的叫东龛山："东洞在东龛山下，一名灵芝洞，高二十余尺，阔几百尺，中有古释迦大像一尊，余数像亦半之，左右设五百阿罗汉，塑绘庄严，精巧绝伦，地甚幽旷，莫详其始，或即唐时作也。"南龛山古名化成山，在县南二里，据县志所录唐严武《奏请赐巴州南龛寺题名表》："州南二里有前代古佛龛一所，旧石壁镌刻五百余铺，划开诸龛，化出众像……"此表为乾元三年（公元760年）题，即称为古佛龛，则创始当更在乾元以前。西龛山在县西二里："……上有西龛寺，唐名龙日寺，绝壁悬崖，镌佛子大小数千于中，创始无考，唐严武有《题龙日寺西龛石壁》诗……"北龛山在县北五里巴江北岸："……山半石壁隐出老君像，唐人有《北山老君影迹》诗即此，今皆荒废莫可寻觅，惟岩间多小佛龛，镌镂精致……""……又有小北龛在县北十五里……龛中塑大佛一尊，左刻七佛古像一龛，余像尚多，皆依崖石而成。志稿云：石壁有佛像，金光闪耀，照彻巴江，亦胜境云。按碑目有七佛龛图经云：唐张祎扈从僖宗入蜀，经此镌龛……"根据这些记录，可以判断巴中至少有四处石窟，最晚都应当是唐代开凿的，并且石窟所在处都有过古代寺庙。近来得到南龛几张照片［插图一］，才知道南龛是在峭壁上雕刻出的，不是开成深入山石中的洞窟，所以称龛。它们确是唐代的雕刻，但大多经过后代的重妆了。其中观音像［插图二］、毗沙门天王像［插图三］和如意轮观音像［插图四］，都是石窟雕刻中极稀有的作品。

通江县是巴中县的东邻，据县志所记，造像龛也不少，如"倒挂石佛在栾巴寺侧崖间""东龛石刻在县东""古佛龛石刻在县南云从寺"，只是记载较简单，不知创始的年代。从几张题为《通江千佛崖造像》的相片看［插图五］，大抵和巴中南龛的情形差不多，也是唐代的雕刻。其中一个浮雕的七层宝塔极为精美，是研究唐代建筑极重要的资

插图一　巴中南龛造像（二十一世纪初之现状）

插图二　巴中南龛观音像

插图三　巴中南龛毗沙门天王像

插图四　巴中南龛如意轮观音像

插图五　通江千佛崖造像

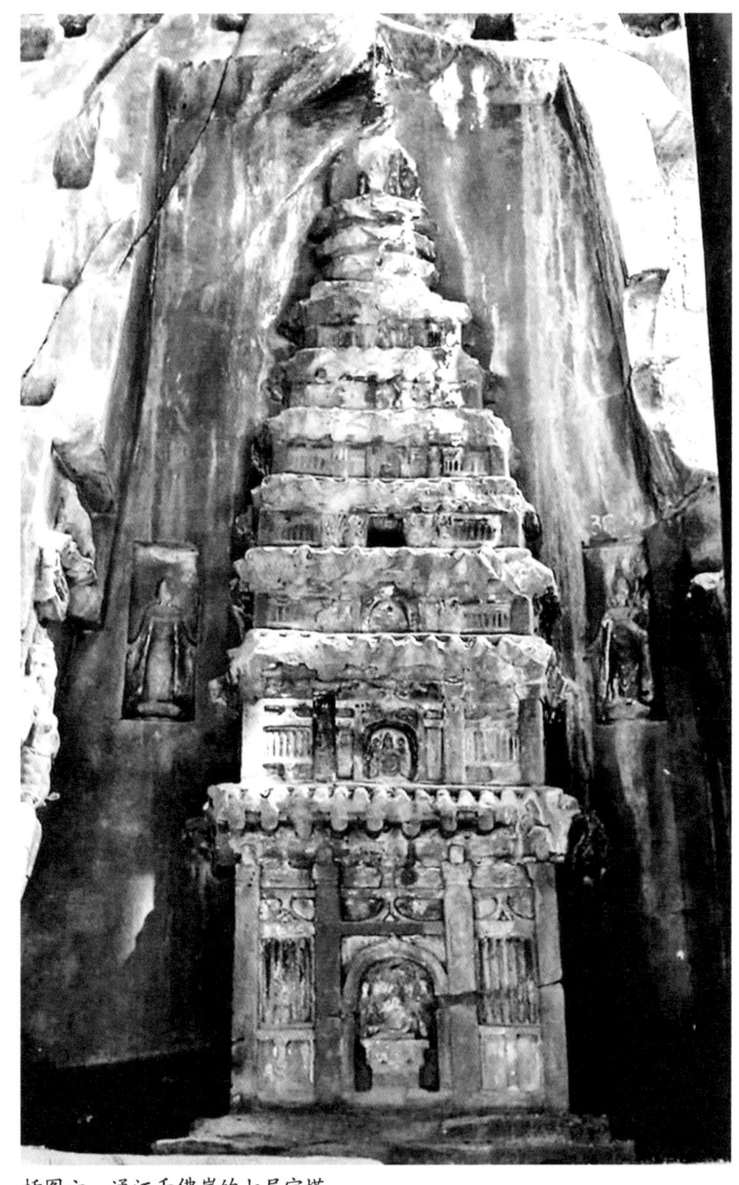

插图六　通江千佛崖的七层宝塔

料［插图六］。下层檐人字形斗栱和直斗重叠使用，除了西安大雁塔门楣石上的线刻画外，是仅有的例证。

由这仅有的几张相片，我相信巴中、通江的石窟中一定还有很多有价值的历史艺术资料，在巴中、通江两县中也一定还有其他的重要文物。例如，《通江县志》就有记载，“壁州神庙石刻在治北四十步有元光（汉武帝）三年制书”“临江县巴王庙有丁房双阙对峙，庙庭高二丈，上为层观飞檐裴裹，四旁多刻车马人物”“祭坛坪在城东八十里……下有石狮高四丈，大五十围”等等。希望四川文物工作同志能设法作一次详细调查，使这些古代艺术遗产能及早与群众见面。

（原载《文物参考资料》1955 年第 2 期，本卷选用时据作者批注略有删改）

敦煌石窟勘察报告

一、自然环境对洞窟的影响

（一）概况

莫高窟在敦煌县城东南四十五里的鸣沙山下。窟前的平地较敦煌县城高出二百公尺，所以从敦煌南门直向东南是一个平缓的坡地，坡地的东南端东与三危山、西与鸣沙山相衔接，自两山间流出的大泉把这坡地划成了一道深而宽的河床，河床西侧是距地平约四十公尺高的直立崖面。自公元四世纪初至十三世纪，在这崖面上创造了数百个洞窟，它们占据了全长约一千六百公尺的崖面。这崖面可分为南北两区，南区总长约二里，共有四百六十余洞窟，便是我们熟知的敦煌艺术宝库之所在，也是此次勘察的主要对象；北区洞形低小，久经荒废，经编号的只有四个洞。洞窟前就是上面所说的大泉，它自南向北流，过莫高窟前面，北入沙漠，潜流于地面下。大泉之东与洞窟相对的三危山呈现赭红色，与窟前所植绿杨隔河相映，景色清幽。窟顶之上，一片平沙平铺数十里，西南与鸣沙山相接，荒凉之象与崖下环境截然不同。［插图一，图版 1、2］

（二）气象

敦煌气候干燥，雨量极少，多风。气象记录开始于 1937 年 4 月，以前无记录。根据 1937 年 4 月至 1951 年 7 月记录，降雨量（连降雪量在内）以 1947 年年总量 95.4 毫公尺为最高，1945 年 8.6 毫米最低。风力的年平均数在 2.7 级至 3.8 级之间。全年季候风向以西南风最多，东北风次之；以季节分则春冬二季多西南风，夏季多东北风，秋季

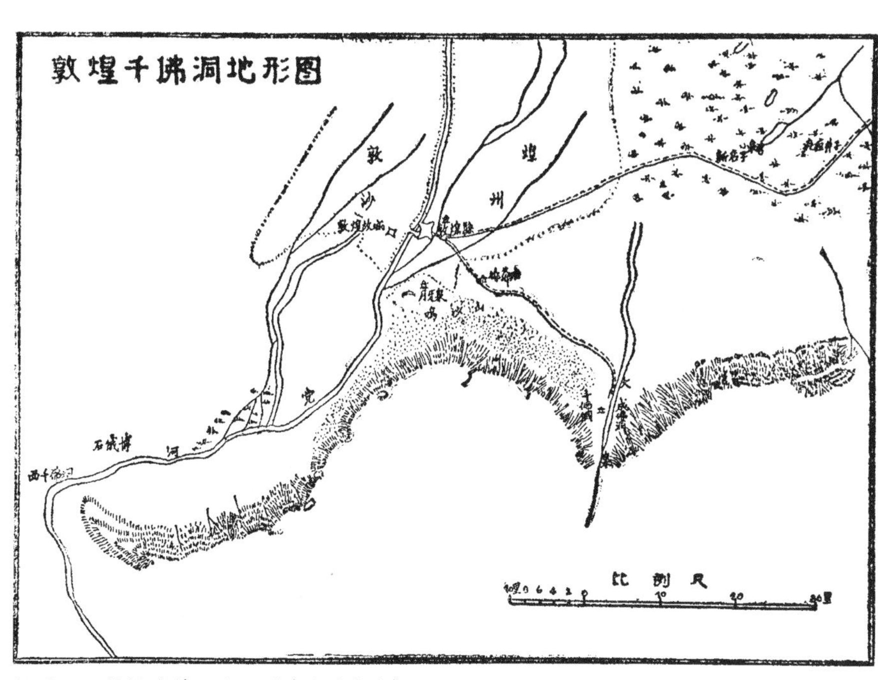

插图一　敦煌千佛洞地形图（陈明达绘）

西南风及东北风各占半数。气温最高 44.1 摄氏度，在 7、8 月间；最低零下 24.8 度，在 12 月至 1 月之间。每年 10 月开始结冰，3 月末解冻。自开始记录以来有地震 3 次，其中 2 次微震 3 分钟，1 次微震 2 分钟，自 1941 年以后未发现地震。但据当地传说 1920 年大地震系自敦煌为起点，又 1932 年 12 月 25 日地震，栋宇嘎嘎有声，则可能每隔若干年有较剧之地震。干燥的气候给保护洞窟的壁画、塑像准备了极优良的条件；频繁的西南风经常卷起的沙砾，却使岩石壁画、塑像日遭磨损，地震虽轻微也使得脆弱的岩层加速崩裂的过程。

（三）岩层

洞窟开凿于玉门系砾岩（亦名第四纪岩层）上。此种砾岩是大小不同的卵石和沙土的混合物，硬度极不一致。洞窟外部久经风沙侵蚀，质地相当松脆，可以用手指掘成孔洞。尤其经水湿以后，用手指稍微拂拭，即行散落。坚硬的部分则如同水泥三合土，所以表层松碎处磨蚀剥落，坚硬石子都凸出，使崖面无一平整处。这种岩层中多夹有完全松散的沙层，经风蚀后形成水平的凹槽，在第 444、448、454 号等洞窟之上有如版筑的墙面，在第 230 号窟下面的则为一层厚度在 80 公分至 1.5 公尺之间向北伸展的沙层［图版 3～5］。这些沙层风蚀剥落剧烈之处，上一层较坚硬的岩层悬空伸出，逐渐断裂崩落。正是玉门系砾岩的这些特殊性质，使得敦煌和中原的几个石窟如云冈、龙门有极显著的不同。窟内造像用泥塑，崖面上用壁画，而不采用一般的雕刻方法，同时还影响到采用木构的窟檐，和中原的一切佛窟廊檐都是就岩石雕成的也大不相同，在我国艺术史上遗留了更丰富的宝藏。然而也正是这种岩石特性，给敦煌石窟造成了可怕的灾难。

这些灾难中最严重的是由于岩石的松散，加以风沙磨蚀、地震与开凿洞窟的重叠密集等影响，发生与崖面垂直的纵裂及与崖面平行的剥裂［附表 1］。此种裂痕之加深扩大，引起整段崖面的崩坍［图版 6～14］，使一些洞窟的一部分或全部毁灭。例如，现在所见到的第 170、249、251、262 号等窟附近便是这种大片崩坍的最显著的情况，现存诸窟前部（东部）几乎全都经历了不同程度的崩坍。同时一些前半部已崩坍的洞窟上部的岩层完全成为悬空的状况，加大了上部继续崩坍的可能［图版 22、27、30］，如第 204 号窟一带的上面和下面几乎全部是悬空的。而崩落的岩石又往往堵塞着一部分洞窟，例如在第 201 号窟旁的大块崩落岩石至今还无法除去［图版 16］，第 257 号窟前的崩落岩石当勘察时则正在凿除［图版 15］。崖顶的裂痕受沙石之冲刷日渐深阔成为沙口，常使上部岩石分裂成孤立的奇峰［图版 12、22］，如第 204 号窟上部、第 301～354 号窟上部、第 401 号窟上部，都是这样的危险情况。兹将因岩石裂痕、悬崖危石而受到威胁的主要洞窟列入附表 1。此外还有许多洞窟的窟顶崩落、窟檐或窟底的水平崩落，如第 159、196、292 号等窟之例［图版 8、13］，都是由于岩石层松散的关系。

附表 1　莫高窟崖壁现状勘察记录

（1951 年 8 月）

名称	纵裂	剥裂	悬崖	平裂	危石	壁画
说明	裂面与地面垂直又与崖面垂直者	裂面与地面垂直而与崖面平行者	崖面水平悬出	裂面与地面平行者	独岩块已与崖壁完全裂离，孤立于崖壁之前方	自南至北有连续壁画一条，在距地平 6 至 10 公尺范围内
例洞	9、144、171、240、251、276～278、334、347、369、378、387、402、413、460	42～44、159、165～167、180～184、203～205、241～247、249～251、257～259、380～410、417、437～442、458～459	61～63、152、153、218、219、243、257～259、436、460	170、186、187、202～204	73、96、204、301、354、401、468	9、130、170、171、203、204、230～233、363、406、419、424～428、428～431、431～432、450～458
备注		纵裂、剥裂有时不可分，随岩壁风化之发展而变动		此种情形裂面厚度多不太大		

（四）风沙

鸣沙山全体呈黄色，是莫高窟积沙的来源。敦煌谚语说“敦煌老东风”，而据气象站的记录是西南风最多，千佛洞附近的土塔都是东北面仍完好平整，西南面已被风沙磨蚀残损，是为具体的例证［图版 18、19］。每当西南风起，对面数尺不辨人影，风沙沿地面平飞，沙沙之声甚大，且击面螫痛。自鸣沙山吹来的流沙即沿崖顶斜坡下落如雨［图版 24、25］，许多露天洞窟壁画和崖面的大壁画都被磨蚀褪色，模糊不清。塑像磨蚀得几乎成为初塑的泥胎，是严重的损害之一。现在虽在崖上若干地段筑有防沙墙［图版 20］，也只在短期中有防沙效用，一旦流沙积满墙外，即失去作用，和没有墙时一样了。另外一个情况就是自西南吹来的风，由于崖前地形造成的涡流反卷回来，正好把落下的流沙卷入洞窟中，使洞窟内部的壁画也受到磨损。现在洞外的杨树就是为了防止风沙侵入洞内而种的，但没有发生多大的作用。敦煌文物研究所在一部分洞窟口加筑土墙，安装门扇，却起了一定的防沙作用。

崖壁上部久经流沙冲洗，造成很多“沙口”［图版 21、22］，沙口严重的可以把岩层冲成 30～50 公分宽、几公尺深的裂缝，或竟冲为孤立的危岩。这些沙冲落崖下，即堆积在洞窟的前面，渐渐有湮没洞窟的趋势，如九层楼附近及第 47～49 号窟附近都是显著的例证［图版 23、26］。同时积沙的分散和崩岩的风化为沙，又使得窟前的地面渐渐增高。据当地人说，现在窟前积沙已比六十年前高出四五尺，可以推想不知有多少洞窟被湮没在下面了。

（五）水流

大泉向无水文记载，平时水流不大。据当地人说，河水较以前略大，以前河水只够灌地用，现在除灌地外还有剩余。每当山洪暴发时则水势汹涌，每隔三五年发洪水一次。例如 1935 年及 1952 年山洪曾冲刷两岸［图版 28］，但其消逝也很快，每次洪水不过一二小时即消退。从千佛洞下层没有魏洞的现象推测，似乎古代大泉的流量甚大，下层有浸水的威胁，到隋、唐以后水势减小，才在下层开窟。所以现时正常的水流不会危害到洞窟，当地所称三五年一次的洪水则影响较大，至于是否会有特殊的洪水，是需要进一步作长期的水文观测才能确定的。大泉水流又是千佛洞饮水的来源，水内含有大量盐及其他咸性物质，所以味道苦涩，饮后腹泻。

又敦煌气候寒冷，冰冻时间较长，每年平均约有五个月的冰冻时期。每至冬季河面冻结厚达 70～90 公分。春季解冻，河水融化，碎冰冲击两岸甚烈，尤以北区受害最大。北区窟前崖面直下与河床相接，既无林木，又无堤防，水涨时泉流浸溢，直冲窟下基脚。夏季，水流不大，影响也小。春季解冻时，崖底部经冻化的涨缩，崩裂成块，又经碎冰冲击，部分岩块随水流冲去，使崖底部逐渐凹入崩失。当勘察时，曾见北区崖面有一处崖壁完全崩坍和数处已有开始崩裂的现象。

南区崖底即与淤积的沙土相接，这块淤积的沙土最宽处达 150 公分，以外才是大泉河床。土层的厚度平均约 3 公分，因此它虽然埋没了南区下层一部分洞窟，却得以避免水流的直接冲击。现在可虑的是为了在这块淤土上植树，从上游引来一条灌溉的小渠通到窟前，渠水面高于大泉水面约 5 公尺，也就是高于埋没在下层的洞窟。因此渠水必然长期渗入被埋没各洞之内，损坏壁画。我们为了寻求原来崖前地面高度所挖的探坑，在经过一星期以后，坑内距现在地面一公尺以下仍然潮润不干，是足以证实上项假设的。

（六）其他影响

莫高窟岩石松脆，易吸收水分。根据记录及当地传说，敦煌数年必有地震一次。虽然震动不剧烈，但松脆的岩石必然发生裂缝，再经风沙雨水的侵蚀，裂缝扩展，引起大片的崩坍。所以历次大规模崩坍的最初原因，似与地震不无关系。又千佛洞内常常嗅到一种似硫黄的气味，可能是沙内含有硫质，也可能是地下熔岩所发出的气味。壁画颜色久经硫的熏染而起化学变化，也是可能的事。这也可为一些壁画的变色找到解释。

二、各洞窟损坏概况

（一）岩层崩坍裂缝

岩层的本质松脆，造成千佛洞严重的损坏，已如前节所述。

现今南区各窟除掉已经崩坍的部分外，一般的情况保存尚好，然而继续崩坍的危险每天都在威胁着它们。现在剥裂严重的如在第 42～44、203～205、244～247 号等窟都极明显，而中部第 437～442 号窟、略北的第 380～410 号等窟之间，通过各窟南北壁都有显著的裂缝，第 159 号窟自天井以下也顺南北裂成东西两半。中部中寺以南有很多垂直的纵裂痕，第 276～278 号各窟窟顶裂缝相连［插图二］，而第 73、468 号等窟则均已裂通，窟的前部与后部完全分离。魏、隋两代各窟密集的地区，如第 241～243、249～251、257～259、410～417、440～442、458～459 号等窟受早期崩坍损坏［插图三，图版 27］，各窟主室都已暴露于外。从侧面观察上层崖面多因崖脚长期剥蚀已向外倾斜［插图四］，下部崩坍较严重的如第 61～63、243、257～259、436 号等窟窟顶崖层都成为悬空状况，极为危险。

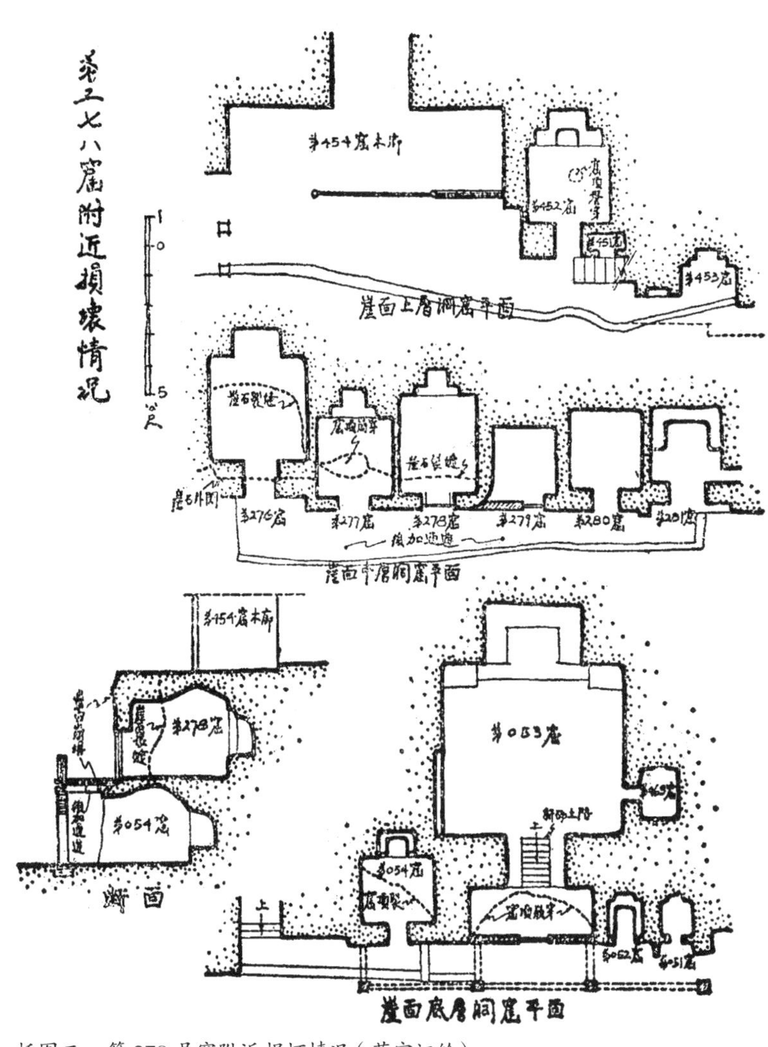

插图二　第 278 号窟附近损坏情况（莫宗江绘）

另有一种窟顶残坏的情形，多见于崖壁最高层的洞窟，如有名的第 196 号窟（索勋窟）和第 159 号窟［图版 17］，窟顶酥裂极为严重。在第 196 号窟中自顶上坠下的岩块，还堆积在佛坛旁边未经除去。第 233 号和第 444 号两窟窟顶［图版 31］，约在宋代开窟不久就已经崩坍，所以加用了木架和天花支撑。这种崩坍的原因，大多是窟顶崖层太薄，或上面已逼近松沙层，逐渐酥裂。将来酥裂程度加深，就将引起全部崩坍，现在所见到的第 446、460 号等窟就是这样崩穿的。

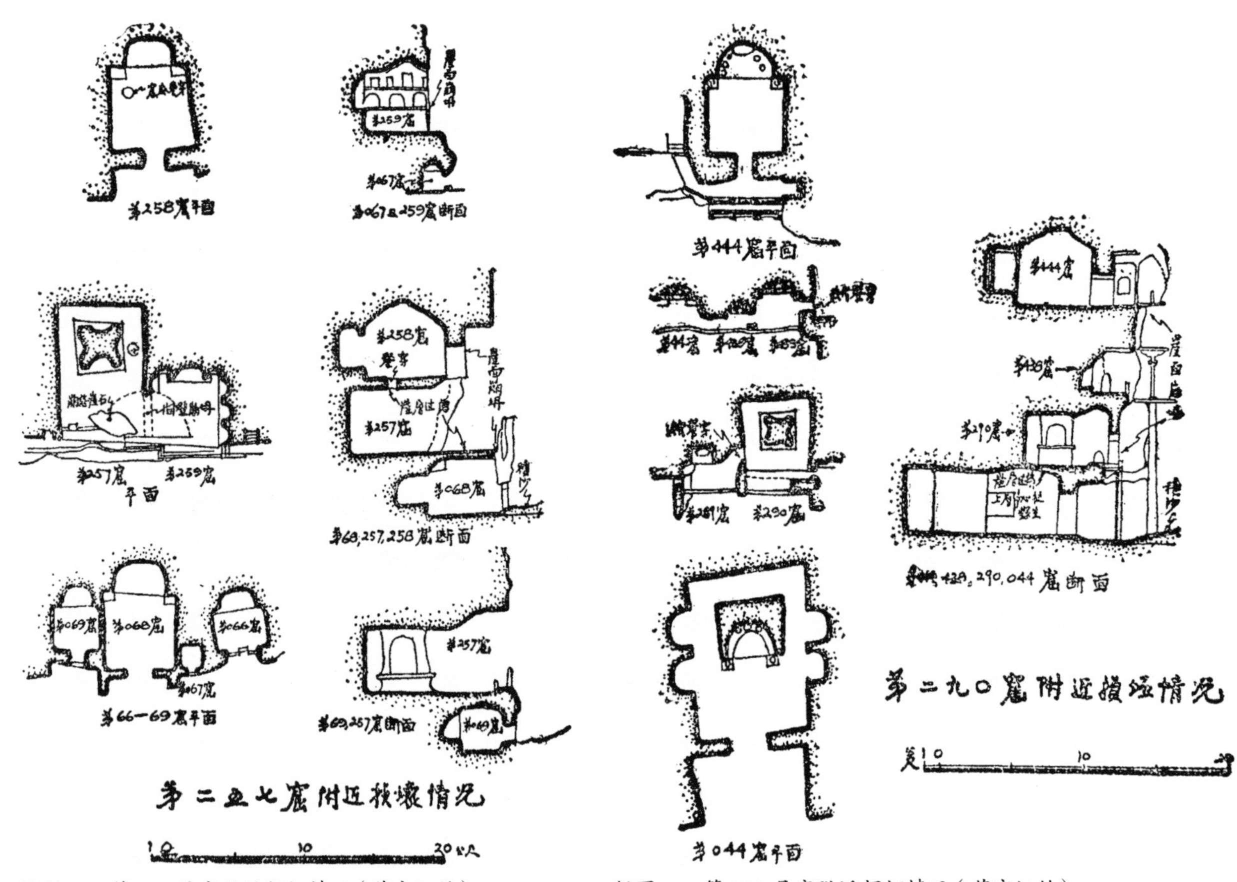

插图三　第 257 号窟附近损坏情况（莫宗江绘）　　插图四　第 290 号窟附近损坏情况（莫宗江绘）

（二）各窟的互相侵犯

千佛洞自北魏以来历经隋、唐、宋各代均有增添，开凿的时代既有前后，又不是有一个全盘计划的工作，以致开洞过密，高低不齐，造成各种损坏。在同一高度上因排列过密，各洞间的崖壁太薄，不能支持上面崖层重量而崩裂毁坏，如古汉桥的北面第 411～418、438～442 号窟一带都是因此崩坍的。第 281 与 282 号两窟间壁层仅厚二尺，幸而窟都不大，前壁也较厚，还未崩裂。第 347 与 351 号两窟之间壁层更薄，亦幸因长度不大，未致崩坍。最多的是在各大窟间的崖壁上有些小窟，例如古汉桥一带的第 80、86、210、239、246、247、255、284、287、293［插图五］、295、298、304、312、425、426、429、430、433、434、436 号等窟不胜枚举。这种小窟将大窟之间坚厚的窟

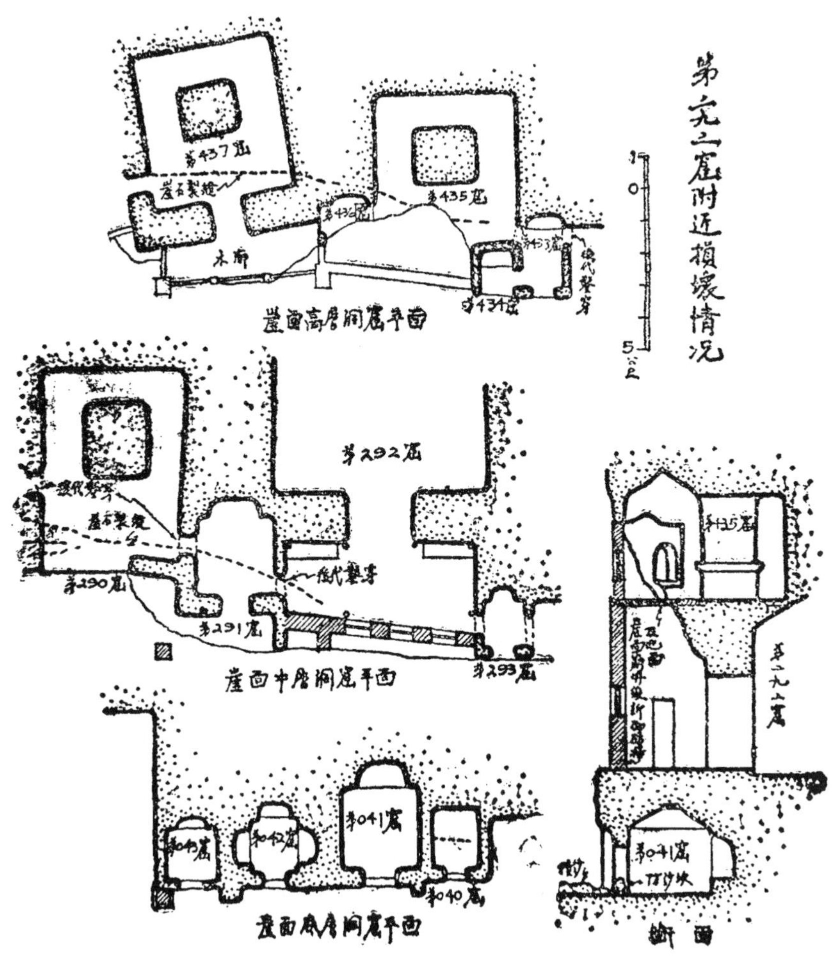

插图五　第 292 号窟附近损坏情况（莫宗江绘）

壁挖空，成为极薄的窟壁，以致崩坍；或者是把小窟开凿在大窟前室的边壁上，使前室顶上的前部处在近似悬空状况，以致崩毁。

洞窟高低错落，纵向配置由一二层高至四五层高，前代的洞窟常因后代开凿新窟的影响而上下穿通，如第 254 号魏洞与第 72 号宋洞、第 452 号唐洞与第 450 号宋洞、第 256 号唐洞与第 70 号隋洞、第 237 号与第 92 号洞等都因此有不同程度的穿通。各层洞窟的大小也极不一致，并且有很多大型洞窟之上正好是一个中型的洞窟，或者上层洞窟的中心柱正压在下层洞窟的藻井上，如第 251 号洞中心柱正压在第 76 号洞藻井上［插图六］，使上面洞窟形同悬空，再加上前述横列过密的危险，更呈危危欲坠、难于持久之状。上下窟之间崖层较厚的还能勉强支持，崖层较薄的已经开始逐渐崩坍，如第 68

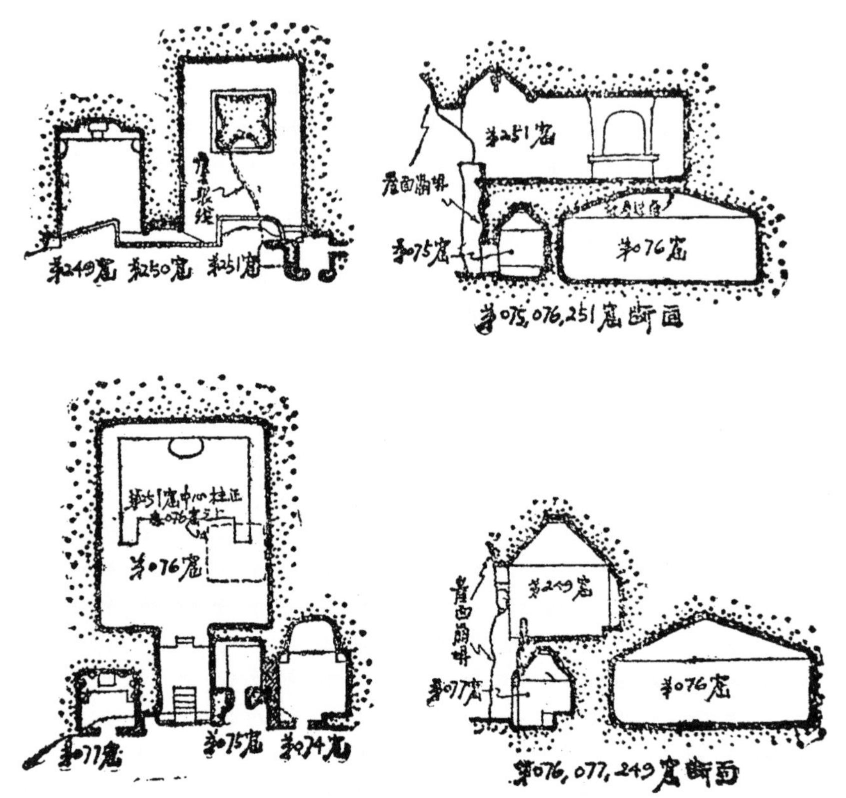

插图六　第 251 号窟附近损坏情况（莫宗江绘）

号窟顶部因与第 259 号窟的地面之间过薄，一部分已崩穿与上面相通。此外还有为了上下两层洞窟间的交通，经后代开凿的圆形孔洞，如第 263［图版 32］、264、268、269、319～322 号等窟之间，均属此种孔洞。

各洞最初开凿时，不一定都有阶级通道，历代洞窟的增加和崖面的崩坍，带来了各窟之间的交通问题。在唐末宋初的时候，曾因此普遍地设置了木窟檐和栈道，虽然至今还存有当时的六个窟檐，但大部分窟檐和栈道已经年久摧毁，只留有崖上的痕迹，于是在各窟内部之间添凿了许多小洞，以便往来［插图四］。这些小洞有的远始于五代，有的近在清末，这是可以从壁画判断的。往往前代的壁画在开小洞时损坏了一部分，后代新加上的壁画都是配合着这些小洞所作，因此可以十分正确地断定小洞开凿的时代。例如第 150 号窟向北至第 96 号窟一段中层的左右交通小洞，根据壁画可以断定是五代时所贯穿。其他如第 171～198、273～275［图版 34］、309、409、442、444～446 号等各窟之间的交通孔道，则显然是近代开凿的。据十二岁即到千佛洞、现已七十八岁的易喇嘛说，从第 16 号窟向南至第 428 号窟一段左右贯通的小洞，都是光绪年间王元箓道士所开凿，当时每窟工费二两银子。它们不但破坏了洞窟中壁画，有时候并凿毁了一些小窟，例如第 157 号窟被凿穿作为第 156 号与 158 号窟之间的通道而全部毁坏。

（三）后代的毁坏和修改

上面所述是因各时代开窟先后不同、又无详细的计划所造成的无意的破坏，还有很多破坏是一种有意的破坏。大致在唐代时建筑佛窟的风气盛行，敦煌、安西一带当时又是东西交通要道，建洞的风气更较他处为盛，千佛洞崖面佛窟骤然增加，据记载所说武周时千佛洞佛窟已达千余。从崖面的石质情况和长度计，大概此时已达饱和点，再无较好的崖面可供开窟的需要，所以唐末五代前后的洞窟很多是在旧有各窟之间或旧窟的上下开凿的，五代以后简直就旧有的窟谋发展。力量小的修补破洞，修补塑像；力量较大的就把旧洞全部翻新，重绘壁画，重塑佛像，或修葺阁道，增建窟檐；最有力的就在石窟密集的地点凿毁旧洞，开凿大型的洞窟。

就现有痕迹可寻的洞观察，这种开大洞毁小洞的情形，最多的有开一个洞毁去六个小洞的，因此我们也可以推想，必定还有一些洞窟开凿时把小洞毁灭到无丝毫痕迹可寻。这种破坏情况最显著的如第 61 号宋洞毁掉了第 62、63 号两个隋洞的一部分［图版 33］，第 100 号五代洞毁掉了第 218 号盛唐窟的地面，第 263 号窟的宋代壁画下剥出魏代的佛龛和塑像［图版 35、36］，第 365 号宋窟现在已经发现入口左方残存的两个唐窟和右方残存的一个唐窟，实际恐远不止此数。这些残留的窟，有的是因为大窟口部损坏暴露出来的，其中的壁画因为多年的密闭而彩色如新。

旧窟经后代翻新的同时也被修改。一般的修改多是把前室加宽，前室与主室间的门道改窄加深［图版 44］，例如第 79 号窟原是盛唐开凿，前室的西面两侧绘有盛唐时的天王像，唐末时修改此洞加筑土墙，使前后门道加深，并把门改窄，现在除去了这后代

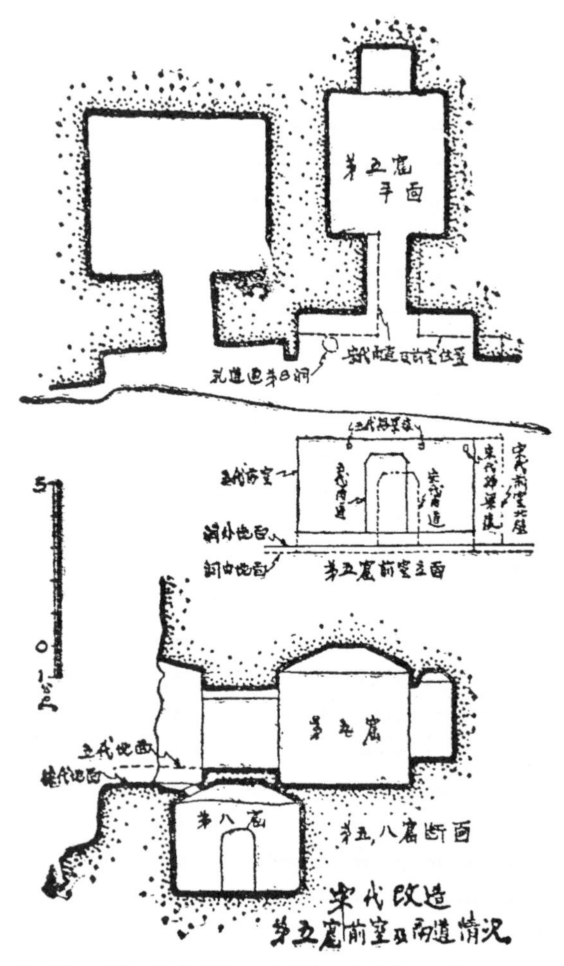

插图七　第 5 号窟前室及甬道情况（莫宗江绘）

所加的土墙，又使得盛唐所绘的壁画重见天日；修改时也将前室加宽，因此又把南面的第 80 号窟完全毁坏而用土墙补砌。又如第 5 号窟原为五代所开［插图七］，宋代修理也是加筑土墙，使门道加深改窄，并且也同样地展宽了前室。总之，这种情况多出现在晚唐以后，其目的是在加深的门道上绘供养人或菩萨行列。它不但改变了原有洞窟的形状，同时也封闭了若干小窟，如第 337、342 号等窟都显现了此种迹象。

此外，清末王道士在少数几个洞内，如第 454 号窟用土墙间隔出若干小房间，把原来完整的洞窟隔离成若干小部分，同时使得窟内光线大为减弱。

（四）堵塞

堵塞的情况有两种。第一种是流沙淤土或崩崖堵塞了洞窟，例如第 48 号窟已被流沙封塞［图版 26］，又如在第 356 号窟下面流沙堆积，埋没了一段崖壁，现今已看不见洞窟，但崖面显露着窟檐插梁的痕迹，可见下面必定有洞窟。为了弄清究竟千佛洞原地面的所在，以证明现有地面下埋藏洞窟的可能，曾挖掘了五个探坑［附表 2］。由这些探坑中了解到现在地面浮沙平均厚 50 公分，浮沙之下有淤土一层，其下有砾石一层，再下又为淤土一层，此淤土层之下有 28 公分 ×28.5 公分、厚 5.5～6 公分的方砖，砖面有花纹或绿釉，花砖之下尚有条砖或方砖一层，距现在地面 90～320 公分，浮沙尚未计算在内。这些足可证明现在地面之下必定有被埋没的洞窟，尤以自第 55 号窟往南至第 130 号窟一段土层最厚，被埋没的洞窟为数一定很多。至于崩坍岩石堆在窟前堵塞洞窟的情况，则比较不严重。现存较大的岩石仅第 201 号窟前的一块［图版 16］，其他如第 257 号窟等，崩落的岩石已经凿除。

附表 2　莫高窟沙地探坑记录表

探坑号	洞窟号	洞口高距（m）	探坑口至洞窟口水平距离（m）	探坑口高距（m）	挖深（m）	日期
1	16	0	1.00	0	1.60	7 月 19 日
2	340	2.00	4.00	2.00	5.40	7 月 20 日
3	76	6.00	5.00	5.50	2.40	7 月 21 日
4	130	8.00	8.80	8.00	2.10	7 月 21 日
5	138	15.00	12.00	11.00	4.70	7 月 22 日

附注：

（1）洞口高度及探坑高度均以 86 标高为基点。

（2）探坑约 1.06～1.7 公尺见方，未施防坍设备，地面浮沙厚度约 50 公分。

（3）探坑断面及情况如下：

探坑断面	探坑号	洞窟号	X（cm）	砾层（cm）	Y（cm）	砖块大小及形状（cm）	备考
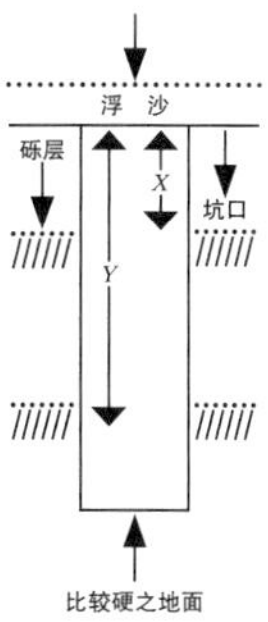 浮沙 砾层 X 坑口 Y 比较硬之地面	1	16	50	110	90	方砖一层（花砖）28.5 × 28.5 × 6 条砖一层	
	2	340	120	50			坑底一部沙质松，或系老沙底
	3	76			255	方砖一层（花砖）28 × 28 × 5.5 方砖一层（花砖）带绿釉	
	4	130			190	方砖一层 28 × 28 方砖一层（立铺）	另发现一种条砖 17 × 33 × 7，有绳纹
	5	138	90	100			

第二种堵塞是在洞窟前兴筑高台，因而将台下洞窟堵塞［图版 29］。此种办法多出在五代前后。土台多用版筑或用土墼，表面涂泥灰，用砖纹装饰，例如第 444 号窟前、第 130 号窟左侧都有因这种情况被堵塞的洞窟。

（五）壁画损坏

千佛洞的艺术无疑是以壁画为主。它的数量之多、内容之丰富，非但是全国唯一的艺术宝库，同时也是世界上唯一的艺术宝库。这些壁画是依赖着敦煌特殊的干燥气候才得以保存至今的，然而在数百至千年的过程中，也受到不少的损坏，除了风沙磨损、岩层崩坍、后代在壁上穿洞的损坏［图版 37、38］，还有下列各种损坏：

1. 壁皮脱落。壁皮即壁画的底层，就观察所及有两种不同做法。一种是沙子白灰打底，一种是柴泥打底，均厚约二三公分不等。由于附着力减退或崖层崩裂，壁皮与崖壁分离而残破，有许多处有即将坠落之虞［图版 39］。

2. 粉皮剥落。粉皮是指壁皮表层在施绘以前所敷刷的薄层粉浆，厚约 0.5～1 毫米。许多洞窟发生粉皮龟裂并且卷曲成为无数鳞状小片而剥落的情况［图版 40］。推测其剥落的原因，可能是敷彩色时所用胶质材料过多，又经干燥之气候所致。如第 159、161 号等窟为最严重之例，窟顶及四壁均已全面龟裂卷皮而脱落。又如第 268 号窟系隋代于原有魏壁之上重绘，重绘时未曾加做壁皮，仅于原画上刷浆一道，在刷浆以前或系未将壁面尘土拭去，因此其新表皮不能与下层壁画结合，年久而剥落。

3. 粘毁。这种毁坏完全是出于美国帝国主义文化间谍华尔纳之手［图版 42、43］。1924 年，华尔纳得到福格博物馆的资助，预先把具有黏性的化学药品敷在布上，偷偷在莫高窟盗窃了五天，粘去壁画二十多幅，如附有题记的第 335 号窟（初唐垂拱二年）、艺术价值最高的第 323 号窟（初唐南北壁各故事画三则）、第 320 号窟说法图等等，均因而残破不全。

4. 烟熏和擦蹭刻画［图版 41］。这类破坏的原因不外两种。一种是每年四月八日浴佛节，附近佛教徒及游人来此朝拜者甚多（据易喇嘛说最多时达万余人）。自三月二十八日即开始来此，下层各洞窟大部成为教徒游人的旅舍，使各洞窟下部距地面一公尺左右发生擦蹭磨损，在壁画上随意刻画题字，龛座下因教徒礼拜燃烛油污等损坏。这种损坏虽然比较轻微，却是各洞窟中极普遍的现象。另一种是 1923 年约五百五十名白俄军人流窜至莫高窟，占据南端第二层洞窟以为营房，在壁画上刻画及在窟中砌火炉做饭取暖，将洞窟熏得漆黑一片。比较显著的如第 342 号窟（盛唐）全部熏黑；第 232 号窟中曾设有柴灶，并在壁上凿烟囱通入相邻的第 235 号窟，故第 235 号窟内部完全熏黑。有些洞窟被烟熏得漆黑发光，据说是烧骆驼粪所熏的。这层黑烟极为坚固，很难除去。现在总计被烟熏的共有 38 个洞窟，其中第 142、155～157、232 号等窟均留有设灶的痕迹。

5. 变色。现在部分洞窟壁画颜色变黑或褪色，这是千百年来经过氧化或其他化学变化所致。最容易看出来的是唐代前期洞窟中颜色的变化。唐代前期是当时艺术最兴盛的时期，用色极其富丽复杂，最近新剥出的第 220 号窟有极鲜明的颜色，足可证明。但这一时期的现存壁画红色多变为黑色，各种中间色都褪色，青绿两色大致未变，因此全部壁画的颜色就显得晦暗了。

6. 重层。重层是莫高窟极普遍的现象。重画的风气起于隋、唐之时，到了宋代几乎都是在早期壁画上重画的，第 220 号窟便是一个极著名的例子。这洞的壁画原是初唐所作，敦煌文物研究所称这洞壁画“场面伟丽，用笔匀到”，是形容恰当的。尤其是贞观十六年题记两则，使这洞的历史价值大大提高。这是在近年中剥去了上层的宋画而恢复了它初唐的面目。像这样唐画被宋画所掩盖和另一些魏画被唐画所掩盖、至前后重叠达三层壁画的都有。重层的内层往往在重抹壁面时被划伤，部分则还完整未被划损。当然我们不能毁去了上层宋或唐的壁画，但是也不能让内层被掩盖的完整壁画永远埋没下去，这就是重层壁画留给我们的最困难的问题。

（六）塑像损坏

敦煌千佛洞的艺术宝藏是应以壁画和塑像并重的。在现存 469 个洞窟中，大多数窟都有塑像，可惜其中能保有原形的只有 110 个窟。它的价值不仅在它本身塑造的精美，也在于它把一千余年的塑像艺术系统地陈列出来，极清楚地说明了它的发展过程是一部活的雕塑史。据这次统计，这些塑像的情况如附表 3。

附表3 千佛洞现存塑像统计表

时代	总数（躯）	其中残缺者	其中经清代修理者	完整保存原形者
魏	268	31	1	236
隋	444	5	197	242
唐	661	33	393	235
五代	36	1	24	11
宋	225		171	54
西夏	5			5
元	8		8	
清	631			631
总计	2278	70	794	1414

当然，现存的这些塑像远不是原有数量。它损坏的原因，第一是人为的破坏。如清代同治十三年（公元1874年）被以白彦虎为首的起义群众打坏很多，白俄军人窜据洞窟时打坏一部分，因崖石崩落而打坏的也占一部分。我们曾在第143号窟中看见损坏的塑像25堆，不知是毁坏了多少像的残存，而在拆除千相塔（清末王道士把残损的雕塑瘗在一个塔中，称为千相塔）时又发现了不少残塑及少数木雕像，又不知是毁坏了多少塑像的残存者。这都是无可补救的损失。现存塑像中有70躯是残缺的［图版45～47］，虽然都不是十分残缺，但也是难于补救的。而约占总数三分之一的都是经过清代修理或妆銮的，或者还可能使它们恢复原来面貌。塑像都是以草泥作肉，然后敷施粉彩，因此即使是保存完整、未经修改的也和壁画一样变色，受着风沙的磨蚀。

此外还有魏代的456尊影塑和隋代的数以万计的小千佛，它们大多是用模型塑出，成块粘砌于墙面，剥蚀脱落，损坏程度极大，完整的已极为稀少［图版48］。

三、关于崖面原状的研究资料

（一）魏、隋

据史籍及窟内题记，莫高窟自苻秦建元二年（公元 366 年）沙门乐僔创窟以来，继有法良禅师续造佛窟，北魏永安二年（公元 529 年）瓜州刺史建平公兴佛窟，其后至西魏大统十年（公元 544 年）瓜州刺史东阳王元太荣兴造佛窟。这些记载证明自开创以来在北朝约二百年的时间内不断地有所兴造，到北朝末年佛窟数量一定不少。可惜经过各种破坏后仅存 24 个魏窟，其中研究所原编号的魏窟 22 个，第 263 号窟在宋壁画下剥出魏画，第 267～271 号 5 个隋窟下亦剥出魏画，这是 1 个魏窟所改的。当然这只是现在所能判定的，可能还有些洞窟经过后代重绘尚未被发现。

这些洞窟从平面上看，正好分布在现在南部崖面的中心；从立面上看，从崖脚至崖顶高低不同的密布的洞窟，最多有重叠至五层的，这些洞窟绝大多数在第三层，只有 4 个在第二层，所以它也是在崖面的中心。在第三层的自第 248 号窟起向北至第 429 号窟占据了约 200 公尺长的崖面，又可分南北两部分。南端的自第 248 号窟至第 275 号窟约长 100 公尺，北端自第 429 号窟至第 442 号窟约 70 公尺，其间 30 公尺崖面无魏窟。从各窟建筑形式辨别，似乎是第 251、254、257、259、268、272、275 号等窟最早，其两端的第 248、249、439、438 至 428 号等窟均较晚，因此又可以断定魏窟是围绕着 251、254、257、272、275 号等窟向左右及上方发展的。各窟之间虽然都夹有后代洞窟，不过相距并不太远，只有上述的第 275 至 442 号窟间的 30 公尺没有魏窟。这究竟是经过巨大的崩坍或者是被后代所改凿，还需更进一步的研究才能确定。

隋代各窟在第三层者，自第 428 号魏窟向北发展至第 373 号窟，长约 200 公尺的范围；在第二层的则以第 285、286、288、290 号等魏窟为中心向北发展至第 330 号窟，向南发展至第 64 号窟，亦约 200 公尺的范围内。所以就现在的情况看，隋代窟似乎是以向魏窟群的北端及下层发展为主要方向。不能解决的问题在于：第三层魏窟的南端到隋代时只增加了第 244、247 号两个窟，而再向南相距这两个窟约 120 公尺处一群初唐、盛唐的洞窟中，又有第 203、204 号两个隋窟。原来就是这样，还是在隋末唐初时又经过了一次大规模的崩坍的结果？现在也还无从断定。

莫高窟大部分洞窟原来都有前室。现在魏代各窟前室已完全崩坍，主室多暴露在崖面上，小部分还可以看到有前室的痕迹，窟前面余地能够前室位置的仅仅只有第428窟一处。从此窟往南直到第244号隋窟止，魏、隋两代窟前室完全崩坍，主室也部分受损。而这一段的下面，即第二层盛唐时各窟主室都还相当完整。由此可知，这一段窟面在隋末曾经有过一次剧烈的崩坍。第248号窟以北的隋窟前面也大部崩坍，但是还保存着一部分前室，所以这一段虽然也是在隋末崩坍的，但比较相邻的南面一段要好些。魏、隋两代洞窟的发展占据了约400公尺长的崖面，在这样漫长的崖面上各窟之间必定有一定的交通，现在前室既已受到这样的损坏，就使得我们难于断定各窟之间是如何联系交通的，因此也就无从确定魏、隋时代的崖面——也就是各洞窟总立面的形状。如果以同一时代的石窟比较推测，它可能是各窟的前室之间有通连的过道，而崖面外观所看到的只是一连串的长方形孔洞，就和现在榆林万佛峡相类似。像响堂山、天龙山那样各窟前室有雕刻斗栱、椽子的石廊，各窟之间并无相通连的通道，而是由外部崖面凿出的道路交通的形式，在敦煌受着砾岩岩质的限制，是不可能做到的。

（二）唐

唐代继续隋代向南北两端发展：北段第二、第三两层延伸至第357号及第9号窟，并向下发展至第一层，新辟数十窟，占长约300公尺的崖面；南段发展至第132号窟，在长约400公尺的崖面各层洞窟中，大多数为唐代所开凿，尤以九层楼至第130号窟之间较为密集，且大多数为盛唐所开凿，可证此段为盛唐时之中心地带。殆至晚唐，中层崖面已无隙地，故第156、196号窟需于高处另立门户，第9号窟、第14号窟、第132～155号窟，则需远向南北两端发展，于是可知唐末崖面全长差不多已达到现今之长度。因此武后时千窟之说，可能是包括现在北墙以外北区诸废窟，仅南区崖面是不能容下千窟的。现存晚唐诸窟从其建筑细部如龛楣等判断，大多为改隋或中唐窟而成。此不但证明晚唐时崖面已无增凿新窟之余地，亦可证明改修前代洞窟之风气起于晚唐。

由表面一层壁画的完整构图和底层壁画的不完整以及壁画的时代，可以推断在唐末至五代末，千佛洞崖面又经过一次巨大的崩坍，最显著的可由第246、249～253、258、458、459号等窟看出来。还有第94窟之上约长30公尺的崖面，并无洞窟。这一段是唐代洞窟发展的中心，当时决不会留出这样大一片空隙不予利用。这空隙周围的洞窟都是盛唐所创建，可见这里也是在盛唐之后崩坍的结果。唐代以后则因这块崖面过于疏松，不敢再在上面开凿洞窟了。

唐代崖面就已如此之长，则东西之间、上下层之间的交通，必甚注意。如现时在第176号洞窟檐下还能看出经后代堵砌的穿堂门，已经有裂缝显出原来的痕迹。第174号窟是第175号窟的前室，经五代、宋初改为现状，也可以看到原有穿堂门的痕迹。这类现象在这一带的南北各洞同样可以看到。因此盛唐开窟时，各窟之间完全可以由前室穿通，大概在五代前后前室崩坏，宋代才普遍加构木窟檐。窟檐之前既可作为走道栏杆，则原有的穿堂门自无需要，于是全部堵砌，或改为小龛。又第130号窟楼梯蹬道下有废道一段［插图八］，由此废道向下走分为东、西两道。向东一道或即唐时通至上面各层洞窟之入口，向西者可能即转至现时第一层之道，而第一层之下应尚有一层洞窟。从崖面痕迹观察，此洞在唐时原来也有前室，并且在现在的东壁门之南侧也有旧踏道的痕迹，从此处可以通连大佛洞与它东面的三层洞窟（下层现被沙埋，上层已崩，仅存现有之一层）。凡此皆足以证明唐代各洞窟与各层之间均有相通连之通道。虽然不能由此推断唐代崖面原状，但是那时不需要木构窟檐，似可断定。

（三）宋

唐代以后所有崖面完全无空隙余地，此时只得改造旧窟，或就新崩崖面开凿（如第332号窟一带），故五代及宋各窟多散处各时代洞窟之间，仅北端第4～7号窟约20公尺崖面为此时所增延。

唐代末年之崩坍，大约使千佛洞受到极大的破坏。它的外观残破不堪，所以宋代曾进行了一次有计划的大规模修缮。最显著的有两项：其一是建造木窟檐栈道，以联系各残损洞窟；另一是在崖表面绘制大规模壁画，以统一外观，并且由这些壁画残存部分看到一些呈山尖形的壁面（如第202、203号窟），这可以推断当时窟外木廊栈道中有一些山面向前的建筑物。可以举出很多例证，说明这两项大修缮的情况。

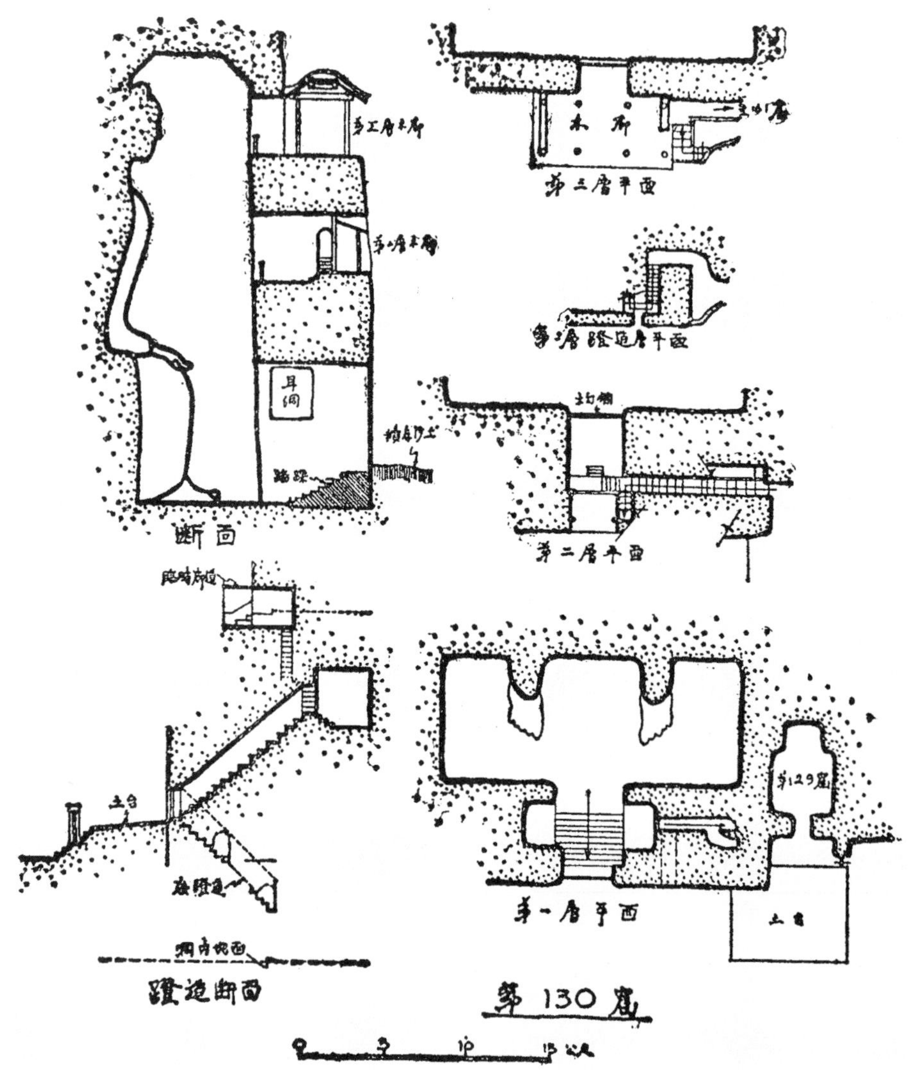

插图八　蹬道断面等（莫宗江绘）

在南区崖面由南至北有残存断续相连的大壁画一条，位置在距现在地平 6～10 公尺范围内。它的内容、比例自成一格，有些建筑物的图画几乎和实物同大。例如，有一处绘一大佛殿和实物大小相似，柱子粗达 50 公分，在椽头及柱下段亦有建筑彩画，这是与洞内壁画绝无联系的。此项大壁画长期暴露于外，为风沙所磨蚀，模糊不清。就其模糊和褪色的程度一致来看，可以肯定这漫延约半里长的壁画是同一时期所作。由崖面所遗留整列的梁孔和壁画之能互相适应，以及各窟口宋代所作以黑、绿、白三色为主色之画面，与第 431 号窟檐宋画等相对照，又可以推断宋代曾大规模修建窟檐，改造窟门，绘作大壁画。所以大壁画能与梁孔痕迹相适应，其色泽也和同时的窟口、窟檐相一致。

原有木檐栈道窟檐之痕迹存在很多［图版 49、50］，其中以九层楼以南至第 130 号窟最为显著。窟上下皆有整齐成列之梁孔痕迹，大约中型窟每窟有檐三间而存在四个梁孔。有些仅有梁孔痕迹并无椽子痕迹的，也可推测是栈道的痕迹。我们从伯希和的敦煌图录中还可看到清代末年在古汉桥左右还存有栈道，也可证明窟檐和栈道曾普遍存在。

宋代曹氏所开诸窟规模较以前均加大，开凿于原有诸窟之间的，为避免毁及两侧旧窟而开凿较深的甬道，使洞窟更深入崖层内，就成为宋代诸窟的一个特点。但大部分改修的窟，就不得不改修甬道，于原有门洞的外面或内面加夹壁，使门洞变深成为甬道以与栈道相接，并且还把原有门之大者改小，小者加大。这不但使宋代诸窟形式较为一致，同时也改善了原有洞窟外壁参差不齐的残状。而唐末大崩坍后的残破形状以及历代不一致的外观，在宋代都得到一个有计划的统一。我们推测这一时期千佛洞的外观，是历史上最完美的时期，大致不会有很大的错误。

（四）宋代以后

莫高窟在宋代以后增建甚少，总计仅西夏窟 4 个、元窟 9 个、清窟 4 个、民国初年窟 1 个，共 18 窟。其中有 3 窟系增开于崖面北端，1 窟增开于南端，崖面长度增加不及 20 公尺。其余 14 窟均系夹杂于各代窟之间，故现在洞窟数量及崖面外观，大体与宋代时无多大差别。但从崖面壁画残存情况、崖面断裂痕迹，亦可证明宋代曾经崩坍，如在第 3～7 号窟、第 158～159 号窟、第 172～180 号窟、第 318～322 号窟、第 358～361 号窟等处，都可看到。又在古汉桥以北诸窟，所遗留梁孔有些并不顾及崖面壁画，可见宋以后也曾大量营建过窟檐。不过这些窟檐建于何时，还不能臆断。现存窟檐共 33 座，其中建于宋初者 6 座，其余 27 座为清代及近代所建。九层楼系清代末年王道士所建，原为五层，建后不及 20 年即坍毁，民国初年复建为九层。大抵宋代窟檐因崖顶滚落崖石击毁以及崖面崩坍，大多毁坏，以后虽有修建，也仅只是个别的，它的规模始终不能与宋初相比了。

四、关于洞窟建筑时代的资料

洞窟创建年代的研究确定，是修理工作开始前重要的准备工作。它能帮助确定各个洞窟原来的建筑形制、各时代洞窟发展的情况、壁画重层的有无，从而确定修缮的方针。敦煌石窟在全国石窟中有两个与其他石窟基本不同的特点：其一，没有雕像而使用塑像及壁画代替；其二，早期窟顶多采用人字坡形式［图版52］。前者是因岩石松散，不适于雕刻，后者则是更浓重地表示着模仿木结构的意味。自魏代开窟不久至唐末都保持着这仿木建筑的思想，如在第251号魏窟人字坡之下有木造斗栱嵌入墙面，木栱四周并无修补痕迹，显非后代所加，栱下并绘有坐斗及柱。第257、275号等窟中心柱及壁面佛龛塑成阙形更是对木建筑的忠实仿造［图版53、54］。隋、唐两代窟都沿袭着这基本形式。唐代人字坡窟顶已较少，到唐末因为窟形加大，已很少采用人字坡顶，而在平面采用大佛坛和背屏，使整个平面布置和木建寺宇平面极为接近。

由于各时代改修重绘旧窟，除了宋代新凿和完全改造了的窟以外，要切实辨别各窟建筑年代甚为困难。诸窟有确切年代者甚少，壁画往往经后代重绘，由壁画及壁画上的题记断定创建年代就不尽可靠。例如，第268号窟原是魏代创建，经隋代重绘了一次壁画，不过重绘时不曾抹泥皮，仅刷浆一道，把魏画盖着就算了，现时表层隋画千佛剥落处魏画的菩萨才又显现出来，所以单就壁画不能完全断定它的年代。我们曾试验分析各时代洞窟一般的形式、细部变化，佛像壁画的配置、色泽等，然后再综合起来确定窟的时代及变迁，似觉稍为可靠。这些初步分析的结果如下。

（一）窟的形制

在现在各窟中，哪几个是最早的窟，是很难确定的。不过有两个可注意的窟，就是第272和275号窟［插图九］，这是早已公认的魏窟。和第272号窟南侧紧连着的第267～271号窟本来是一个窟，当初编号时误为五个窟，我们在这窟的隋壁画下看出魏画的形迹，所以它也是魏窟。于是第267～271、272、275号这一组三个窟就成为莫高窟最特殊的形制。它们自成一组，除了与第285号窟有类似之处外，与其他各窟显著不同［插图一〇］。其中第267～271号这一组的第268号是窟的主室，其他四个编号是

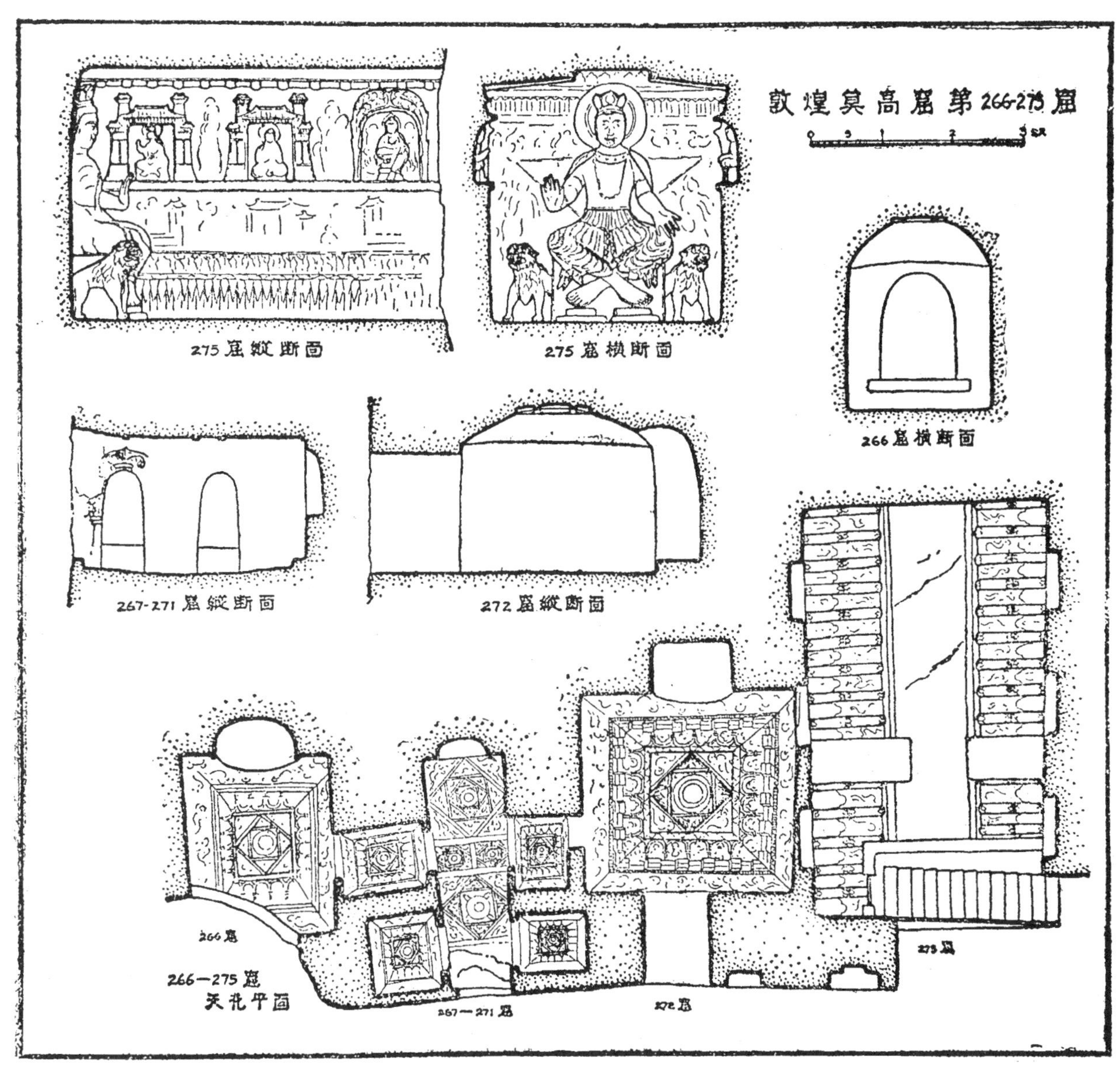

插图九　敦煌莫高窟第 266～275 号窟（陈明达绘）

这一窟的四个小室，窟顶是水平的，上面画出大小相间的平棊。第 275 号窟两壁各有三个小龛，窟顶两侧向上斜起，中部是平的，它和第 268 号窟都是平面作长方形。第 272 号窟是方形窟，后面有一个佛龛，窟顶是四面坡当中一个斗（鬭）四藻井。这一群和第 285 号窟最显著的共同特征是它的壁面、窟顶或门、龛都略成曲线形。它给予人们一种与其他各窟完全不同的深刻印象。这是和云冈早期各窟椭圆形平面、穹庐形内

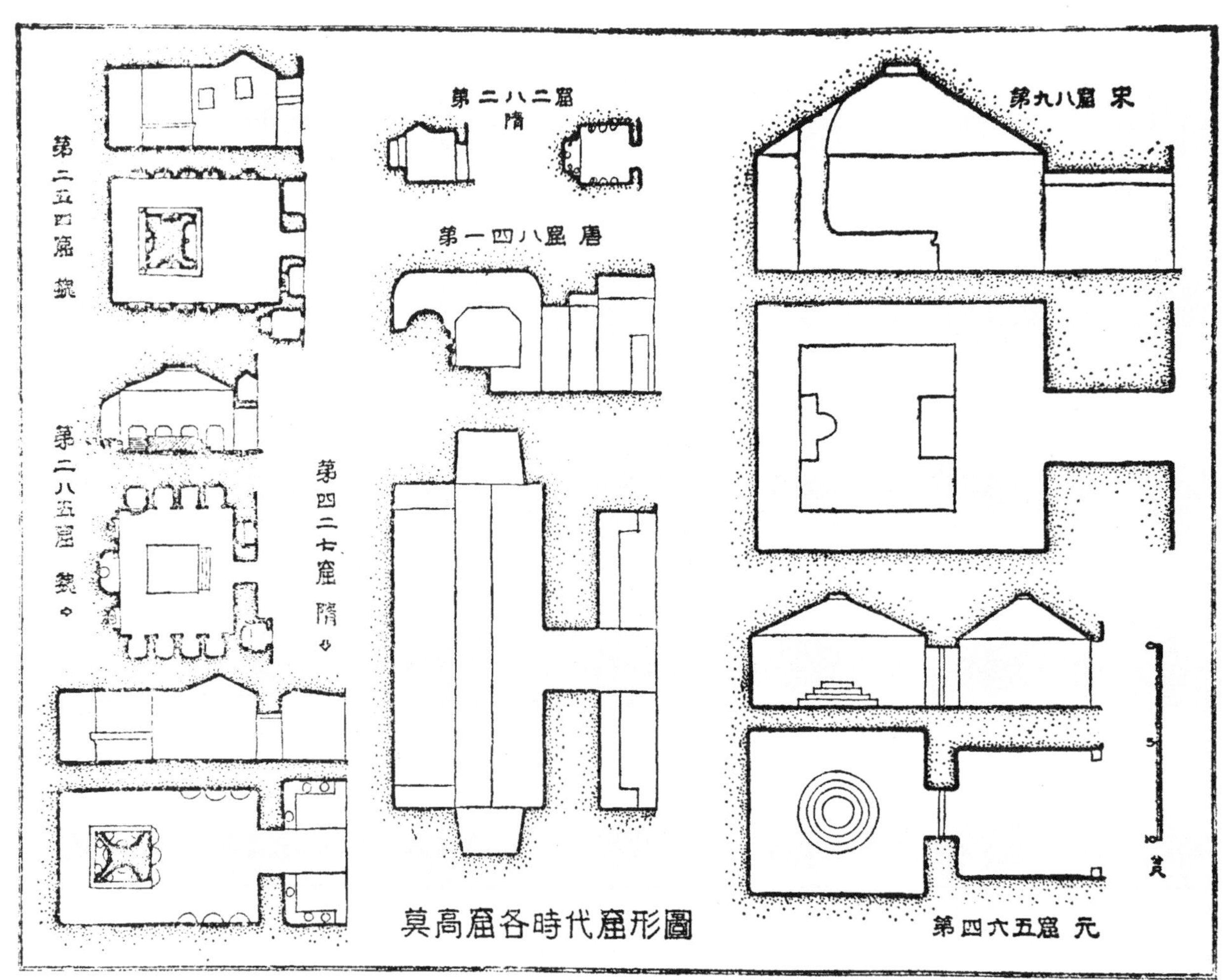

插图一〇 莫高窟各时期窟形图（陈明达绘）

部轮廓具有同一趣味的，很可能这是敦煌最早的石窟形态。缺憾是由于前部崩坍，不能确定它原来有无前室。

魏窟最普遍的形式是窟外有一人字坡顶的前室，窟内略成长方形，靠后面作中心柱，窟顶在中心柱四周作平綦，稍前作人字坡［插图一〇］，中心柱四面都有较浅的佛龛，如第 428 号窟便是这种类型中最大的一个。但也有没有中心柱的，如第 430 号窟，或平面为方形、窟顶作四面坡顶、中心作一斗（鬪）四藻井的，如第 249 号窟。

隋窟形制大抵与魏窟一般形制相似，仅在细部手法上略有不同。唯第 282 号窟是一个特殊的形式，它把窟顶前部人字坡挪到窟的后部去了。唐代各窟仍然承袭着以前的形制，而由于这时盛行卧佛及大佛，新产生了扁长形的平面、弧形或盝顶形窟顶（如第148号窟的形状）和高达三层的洞窟（如第130号窟）这两种新型洞窟［插图八］。晚唐及宋窟多改前代之窟，构造上改变甚微。但宋代新辟或大改造者，以第98号窟为例，入口处之甬道较深，内部为一大方形室，上作盝顶，正中作一斗（鬬）四藻井，顶上四角饰以边饰花纹，圈出一角画四天王。室内偏后作坛，坛上列塑像。坛后侧作大背屏［图版57、61］，如寺宇内之扇面墙。元窟如第465号窟亦为方形盝顶，室中佛坛作圆形，较为特殊。

综上所述，像第267～271、272、275号这一组的窟形是魏代所独有，唐代虽仍有成组的窟形，但组合的方式与此不尽相同。其他各种形式的窟，从魏到宋、元都是存在的。唐代增加了扁长形平面和三层高的洞窟，晚唐开始多了一种用背屏的窟，元代又增加了一种圆形佛坛的窟。大体上的形式轮廓似乎改变不大，但在设计思想上却有着极显著的变化，这就是力求把束缚在墙里面的佛像拿到墙外面来。原来魏的佛龛很浅，塑像只有前半边凸出墙面，后半边好像陷在墙身以内。从隋到唐都在把佛龛逐渐加深，使佛像能够离开墙面而独立。这个发展过程从各时代洞窟比较对照看来是极明显的。到唐代末年虽然达到这个目的，可是佛像仍是在龛内，已无法再扩展。宋代就只好舍弃了佛龛，把佛像放在主室中的佛坛上，坛后的背屏成为中心柱的遗痕，也是木构建筑中扇面墙的仿效物了。

（二）细部特征

以上是各窟总体上的差别，在许多细小部分，各时代还有些不同之处。

1. 藻井

魏代早期斗（鬬）四藻井，中心圆光作莲花，最外的四个岔角作忍冬花纹。次一期的岔角除了忍冬花纹外还有飞天、莲荷花。再晚一期的忍冬改为火焰或其他花纹，斗（鬬）四的内面一层已不是方形，而是八角形。最晚的斗（鬬）四内层四个斜边成弧形。

2. 佛龛

魏窟窟龛浅，龛顶和后壁成了弧形，没有显著的分界，中心柱上四面都有龛。隋窟龛较深，且多为双层龛沿，龛顶是前高后低的斜面，中心柱上多三面有龛，一面无龛。唐龛特别深，所以中心柱上只能一面作龛，龛顶四面作峻脚，如盝顶形式。晚唐及五代又渐不用峻脚而于龛口加楣一道。

3. 龛楣

佛龛外部边沿作装饰一周，即为龛楣。上部每用蛇形纹饰，至龛两侧顺龛沿下垂，长度约为龛高二分之一至三分之一。其端在魏多用忍冬纹，自隋以后作龙头形。

4. 背光

魏、隋龛内佛像背光，火焰突出于龛外，与龛楣相连。唐代背光则收缩于龛内，宋初背光则直绘于背屏上。

5. 甬道

五代、宋初窟口断面多作⋂形，两侧壁上作凸塑之▱△形小格，壁脚作须弥座形及壶门［图版 55］，中绘成列供养像，面向窟内。

6. 佛像配列

北魏时主龛有多宝释迦并坐像，其次有一佛二菩萨像之配列方式。魏末至隋，始有听闻（阿难、迦叶）和菩萨，并于对面壁上画天王像二，稍晚始塑天王于洞口之外。初唐时仍沿用此式配列，偶有列天王于佛坛上者。盛唐时始有将释迦、听闻、左右侍立菩萨、天王、供养菩萨共列于一坛之形式。晚唐及宋代佛坛上不列天王，而绘四天王像于窟顶之四角［图版 57］。

7. 壁画及天花

魏窟壁面多画千佛，亦有分为三层，上层画千佛，中层绘经变，下层绘供养人者。窟顶绕中心柱绘平棊斗（鬬）四，人字坡椽挡间绘忍冬等花纹。壁顶作伎乐天一周，伎乐天之下作城垛形砖纹一条，斗（鬬）四每层用花边分隔，外层岔角作忍冬、飞天、莲荷花、火焰，圆光多作莲花。隋及初唐千佛已升至窟顶，壁面全作经变图，壁脚作供养像，千佛之上作飞天一周，再上至方形藻井为数周各种花边图案所织成，圆光仍为莲花。至宋窟顶上多绘团窠图案，圆光中有绘龙的，而窟顶四角多用花边圈出，内绘天王像。

8. 色泽

彩色因受年久变色的影响，保存有原色的很少。就现在所存彩色观察，魏代壁画以赭色为主，间以淡绿、灰、黑、淡红等色。一部分隋窟和魏窟没有分别，另一些隋窟则仅能辨别赭、白、黑三色，余色均褪而不显。初唐窟繁多，均为植物性颜色调成而不易持久，故唐画色多浓暗。晚唐壁画均用赭色勾勒，现存多粉绿、红、白及少量之蓝色，色调较初唐明朗。宋窟色多绿、白、黑，现存之画均以浅色石绿为主调，其他颜色均因褪色的缘故不很明显。西魏开始佛像衣饰已有贴金的，至唐代已有堆泥贴金的做法。

五、窟檐概况

（一）一般窟檐概况

于窟外构造木窟檐，原为保护洞窟及联系各窟间之交通，对于防止风沙也起了很大的作用。但窟檐进深较大，阻碍光线，使窟内黑暗，无论临摹、摄影、参观都受了很大的阻碍。在469个洞窟中，根据崖面上遗留的痕迹，似乎每个洞窟都曾构造过木窟檐，最显著的有第140～142、144、147、149、151、161、162、164～185号等窟。窟檐似乎坍塌尚不久，在第152号窟上还有古代大窟檐的遗痕。然而现存的窟檐仅33个，其中唐、宋建的6个，清建的24个，研究所新建的3个。窟檐大多数都是单层建筑，结构简单。在清建窟檐中有3个较特殊的：一个是第96号窟窟檐，窟内是高达33公尺的敦煌第一大佛，窟外木檐高达九层；一个是第130号窟，窟内大佛仅次于第96号窟，但塑造之精美远在第96号窟之上，窟外木檐原为三层，现仅存最上一层，下面两层全部残失；再一个是第16号窟，即藏经洞，窟外木檐为三层，现在大木南部走动，山墙向内倾斜，甚为危险。

6个唐、宋窟檐都是三间单层的，第196和428号窟檐仅存柱栱，其他4窟檐保存较好。根据它们梁下的题字，可以确定第427号窟檐建于开宝三年（公元970年），第444号窟檐建于开宝九年（公元976年），第431号窟檐建于太平兴国五年（公元980年），第428、437号窟没有纪年，但它的结构和上面3窟很近似，大致可以断定是属于同一时期的。第196号窟也没有纪年，因为这窟内壁画是唐代末年所绘，壁画和木檐的梁架相交处也处理得很适合，它可能是与壁画同时所作，比以上几个窟檐要早几十年。这6个窟檐的形制和现状参见附表4。

附表4 窟檐现况记录

窟号	间数	现况	建造年代
016	三间	大木山墙走闪	清
056	三间	尚完好	清
059	三间	顶残	清
094	三间	尚完好	清
096	五间	尚完好	清
100	三间	顶残	清
103	三间	尚完好	清
108	三间	尚完好	清
130	三间	门窗缺	清
131	三间	顶坍二间	清
132	三间	顶坍二间	清
133	三间	顶坍二间	清
136	三间	顶坍二间	清
138	三间	顶坍二间	清
143	三间	全坍二间	清
148	五间	尚完好	清
150	三间	全坍二间	清
152	三间	全坍一间	清
176	三间	尚完好	清
196	三间	顶全坍	唐末?
285	二间	新建	
327	三间	尚完好	清
328	三间	顶残	清
342	一间	顶残	清
344	三间	顶残	清
412	一间	新建	
427	三间	尚完好	公元970年
428	三间	尚完好	宋
431	三间	尚完好	公元980年
437	三间	尚完好	宋
444	三间	尚完好	公元976年
446	一间	新建	
454	三间	全坍一间	清

（二）唐、宋窟檐的结构

1. 第 196 号窟三间［图版 58～60］

用八角形柱，无普拍方，斗栱四铺作，华栱上承乳栿，栿首出为耍头。乳栿下有卷杀自华栱里端小斗口外渐卷起向上 15 公分，因此栿尾似较头端为厚。乳栿以上早已坍塌，但栿上崖边还有梁尾石槽痕迹，证明乳栿之上尚有一栿。当心间开门，次间开窗，并立颊安上下腰串蜀柱。

2. 第 427 号窟三间［插图一一，图版 62～65］

八角形柱，无普拍方，斗栱六铺作三抄单栱造，栱的比例较短，第三跳头不用令栱，华栱直承于替木下。出檐短而举折平，至角不起翘。第二跳华栱至内出为足材三椽栿，第三跳华栱至内出为单材三椽草栿。第二跳角华栱内出递角栿与三椽栿相交于第二

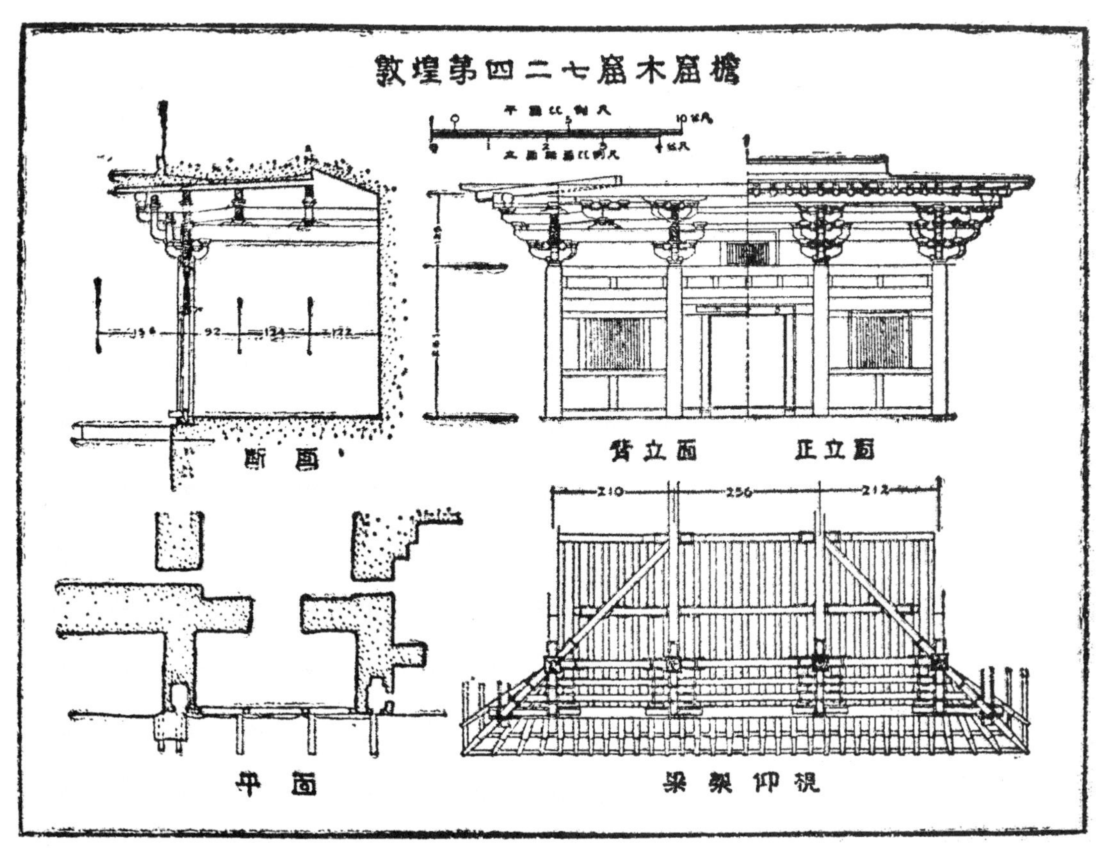

插图一一　敦煌第 427 号窟木窟檐（陈明达绘）

槫缝下。第一跳罗汉方通过转角铺作华栱中心上，不与角栱相交。第二跳罗汉方一端过角栱心止于替木里皮。平坐挑梁不与柱心相对，其开间大于窟檐的开间，装修与上同，当心间有门簪孔三枚。

3. 第 428 号窟三间［图版 62、66］

残存柱情况与第 196 号窟相似，栱端为抛物线形，不见斫瓣。当心间亦有门簪孔三个。

4. 第 431 号窟三间［插图一二，图版 67、68］

亦用八角柱，铺作与第 427 号窟略同，唯栱的比例较长，出跳也较长，角栱实心不用齐心斗，转角铺作第二跳瓜子栱不与角栱相交。当心间有门簪孔三个，屋面似原即不用瓦，只用泥背，并塑出正脊、鸱尾及宝珠。

5. 第 437 号窟及第 444 号窟均三间［插图一三、一四，图版 69～73］

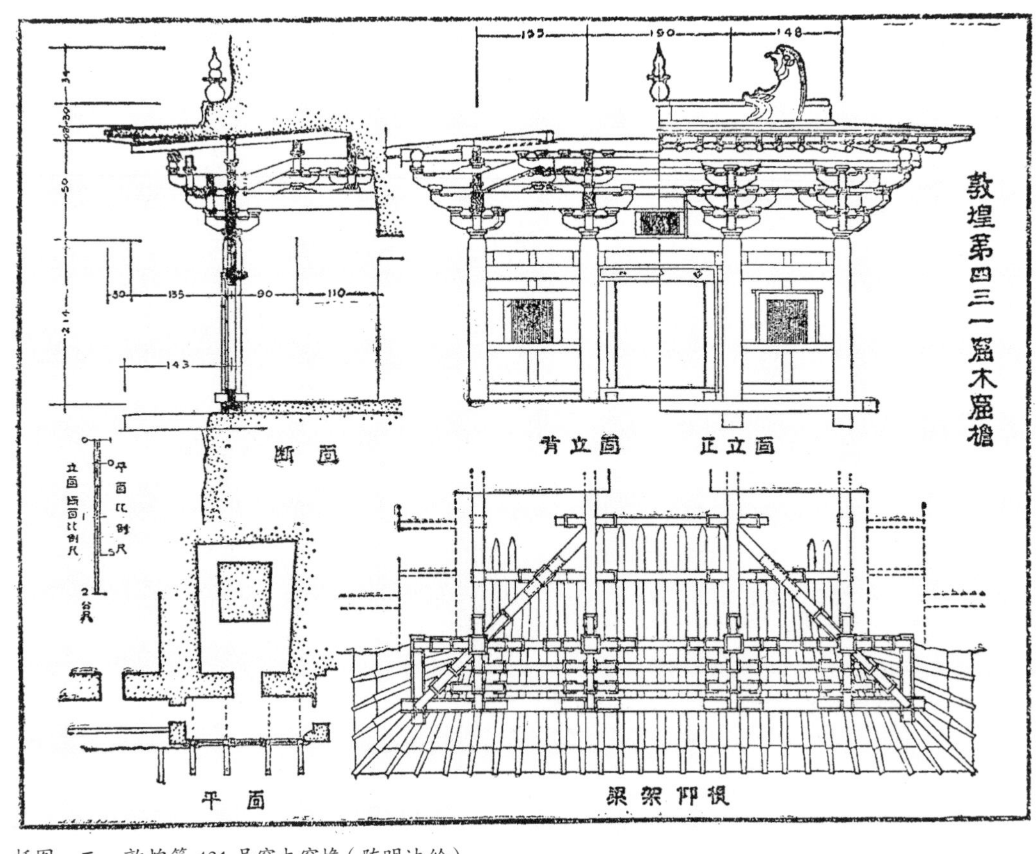

插图一二　敦煌第 431 号窟木窟檐（陈明达绘）

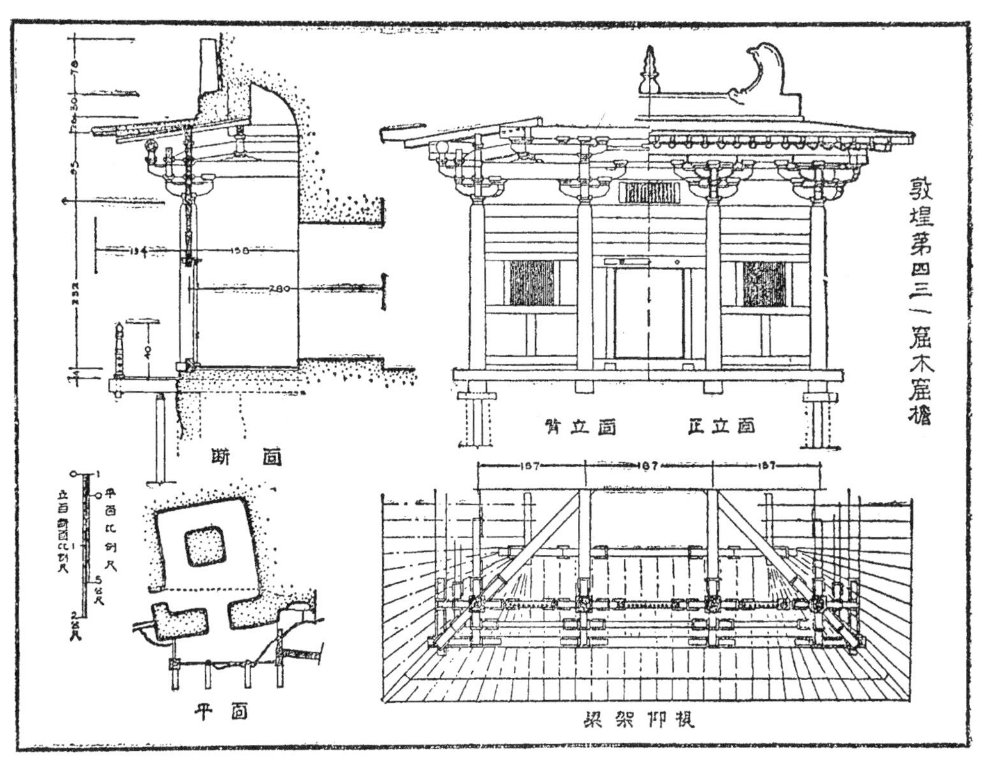

插图一三　敦煌第 437 号窟木窟檐（陈明达绘）

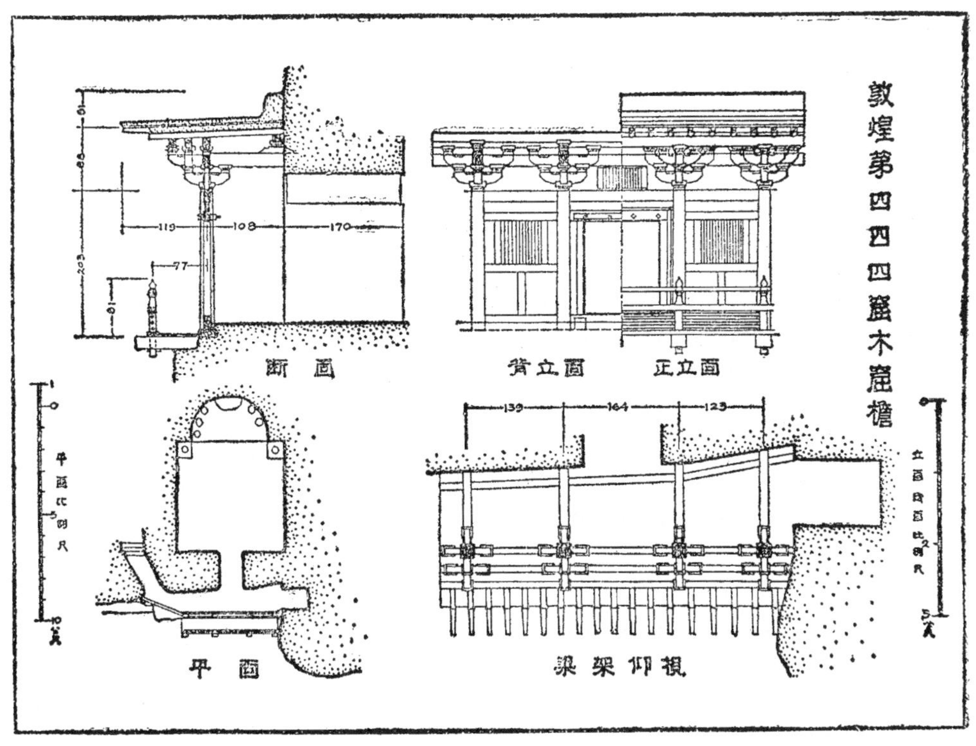

插图一四　敦煌第 444 号窟木窟檐（陈明达绘）

八角柱，五铺作出双抄单栱造，第二跳华栱后作乳栿，唯第 444 号窟次间仍作柱头铺作，不作转角铺作，似乎它原来还不止三间，或者是与另一窟檐相连的。

所有这 6 个窟檐都没有补间铺作，并在当心间的栱眼壁上辟一小直櫺窗（第 196 号窟原状不详）。

彩画是敦煌窟檐最可宝贵的部分。它是现存木构彩画中最完整、最早的实例。明代以前的彩画，除此以外我们只看到片断的辽代彩画。[①] 第 427 号窟的彩画是最完整的，它以朱色为主，而在结构的关键部分则用青绿，柱用朱柱头，柱中用青绿束莲，在门额、窗额和立颊的中段和次间下层的阑额、窗额和腰串与柱相交接处也都用青绿束莲。斗栱多以绿色、白色的斗和红地杂色花的栱相配合，但仍以朱为主色。栱端的卷杀部分用赭色画一工字，绿色的斗均为纯绿色，白色的斗则在白色上密布小红点。第二层横栱以上的柱头方外缘道用朱色，中间白地，用朱色宽线道分为细长的横格。梁两端有细狭的箍头，梁身外侧均有缘道，身内作海石榴花。椽两端及中腰亦画束莲，均以红色为主，青绿为花。椽挡望板上画佛像或卷草纹。所有木材之间的壁面，则全部为白色。

（三）唐、宋窟檐的损坏情况

1. 挑梁

在地栿之下，上承阁道栏杆，后尾架在崖壁之上。几百年来它暴露在外面，经受风沙气候的影响，一部分梁背上呈现烧焦的形状，如第 444 号窟檐，大部分梁头残缺不齐，阁道栏杆几乎全部残失，迄今仅第 444 号窟檐还存在几根栏杆望柱。这和第 130 号窟内两间木栏杆为现存最早的实物。

2. 斗栱大木

大部分斗栱分件残缺不全。檐柱内外倾闪，柱头不在一直线上，以第 444 号窟最为明显。平梁梁尾拔出，柱头方、罗汉方向外倾闪，以第 427 号窟最甚。

3. 檐椽飞子

6 个窟檐的椽子外端都长短不齐，飞子绝少存在。但就其全体出檐深度及平坐挑梁

---

① 典型者为义县奉国寺大殿木构彩画。

长度观察，原来一定都是有飞子的。现存第437号窟椽飞最整齐，似乎是经过后代修理，并非原状。只有第431号窟檐北角的飞子才是莫高窟几个窟檐中唯一的原物。

4. 屋面

第431号窟檐是相比较最完整的屋面，鸱吻、脊兽都是原貌。从这个屋面观察，它的泥背之上，看不出宽瓦的痕迹。泥背下用红柳笆承托，搁在椽子上。

5. 墙及门窗

大木间的编壁都是用红柳笆编成，在上面抹泥及白灰，椽挡间红柳笆底面也是同一做法，椽挡和有些壁面且在白灰上绘彩色。这种编壁多已残破或经后世涂抹，或灰皮脱落，彩色损坏。

根据这6个窟檐的残破情况，对它的修理工作将是一个复原性的工作。好在6个窟檐的结构手法都很近似，把各个窟檐所保存的部分综合起来，不难一一找出它原来的形制，一切形制和结构的设计工作是容易成功的。问题在于如何去实现它，也就是施工中的困难，主要问题是椽下彩画的保存。要想恢复阁道栏杆的原状，彻底抽换地栿下的挑梁，就必须拆卸地栿以上的各部分。梁架斗栱拔榫走动部分的改正，也必须拆除椽子以上各部分。这样就发生了如何保存绘在柳笆上的彩画的问题，这是在第427、431、444号3个窟中都存在的问题。这些椽挡间的卷草、佛像都是很精美、与建筑壁画不可分的。要把这些很薄的灰皮从柳笆上剥下来，修理完后再贴上去，不使它受到损失和改变原状，是现有技术条件下所不容易办到的。每个窟檐的椽头残缺不齐糟朽，应当更换新料。但是椽子在室内的部分，又都绘着红底青绿束莲彩画，它与其他木构材上的彩画也是不可分割的。如何保存呢？或者是在新换椽子上照原样重画？能不能画得和原有彩画的精神相吻合？都是值得仔细研究的问题。

六、修理意见

根据此次勘察所得到的全部情况，敦煌石窟最严重的问题就是崖层本身崩坍裂缝。历代开窟过多，更加重了崖层的脆弱，使得大规模崩坍毁灭的可能随时威胁着我们。

而且现在崖面的历史，已经证明了唐代初年和唐末都曾发生过这样的崩坍。其次是壁画被风沙磨损、变色、壁皮脱落、粉皮剥落和局部的小崩坍，使敦煌艺术的宝藏壁画、塑像在不断地损坏中。如何防止损坏的继续发展，彻底解除崖层崩坍危险和适当地恢复崖面原状，都是亟待解决的问题。问题是重大而困难的，现在的技术物质条件还不能很快就解决它。我们根据目前的条件提出暂时的保养方法和将来进行的步骤，以供参考研究，并且希望在可能范围内组织一些力量先进行研究工作，作为将来大修缮的准备。

（一）短期内的修整改善

1. 防沙除沙。风沙卷入窟中磨损壁画，需在各窟入口安装门扇，阻挡风沙。并应同时照顾到洞内光线和通风，安装时也不应使壁画有些微损坏。窟前积沙坠石需逐步清除，尤其要把被沙埋没的下层洞窟清理出来，以免因潮湿继续损坏。

2. 截断水源。窟前所开灌溉树木的小渠，渠底估计高于最下一层窟底。这是下层窟内潮湿的根源，必须设法截断。窟前积沙清除后地面将较现在低，又需开辟水道使窟前积水能通过土堤及淤高的河滩排除出去。

3. 开凿深井。莫高窟水源过远，水味苦涩，不适于饮用，也不能供应大规模工程之使用，需逐步探寻较好水源，开凿深井，以为将来工程需要之准备。

4. 局部、小规模之崩坍，壁画部分剥落，需尽力作补救和防止扩大的临时性修缮工程。这种工程只需求效果良好，不因此损及其他部分，将来彻底修缮时便于拆除即足，不需要讲求表面好看。

5. 拆除窟内外后代所添筑的小屋和土台，使洞内光线、通风得到改善。

6. 现有窟檐的修理。现有窟檐 33 个，在防止风沙及日光直接照射上有一定的作用，尤其 6 个唐、宋时代所建窟檐，是我国建筑史上重要遗物，都应按照原样修缮加固。但在整个崖面的修理方针没有确定之前，加筑新窟檐是不必要的。（我们在查勘期间已对最危险的第 437 号窟木檐作出修缮计划和设计图样，并开始施工。9 月 4 日离敦煌时尚未安装大木，回京后收到完工照片，发现檐角都做出翘飞，不但与原设计图样不符，也不是敦煌唐、宋窟檐的原样。可见保存原样的修缮，并不是容易的工作。）[①]

7. 崖层崩坍的危险既如此之大，敦煌又是地震较多区域，每隔若干年便有一次较大地震，就必须要有一个准备工作，将全部壁画、塑像、建筑，作一次完整的摄影。这是要有完善的工具设备和器材才可以完成的。虽然是消极性的工作，但是比起临摹要正确而经济，还可以使介绍敦煌艺术更及时。

（二）修筑堤坝及洞窟加固

修筑堤坝及洞窟加固是第二步工作。大泉每三五年一次的大洪水和春季解冻的水流冲蚀崖面，尤其北区受害很大。崖前淤土积沙彻底清除后，地平面将降低 1.5～4.7 公尺，洪水浸入的危险更大。虽然还有距崖面较远的淤积层阻隔，但究非久远之计，而北崖的荒废洞窟虽无壁画，也可以适当利用。因此必须研究一个改善水流的方案，修筑堤坝防止洪水冲刷，根本上解除洪水的危害。同时也要进行崖层洞窟的加固工程。这是指局部的和最危险的部分，例如对悬崖危石的处理、洞窟间壁过薄、上下层悬空、窟顶窟内较大的崩坍等等的加固工程。这需要进行长期的永久性的工程，不是临时性的处理。与此同时，可以选择较次要的洞窟，作各种修缮的典型试验，以取得一定的经验，为彻底修缮作准备。

（三）研究工作

莫高窟的修理是一个极端复杂的问题。一方面我们要做一些临时整理保固工作和永久性的防护加固工程；另一方面也要组织力量研究各种问题，以达到彻底改善和恢复原状的目的。这是一个长期的艰巨的工作。例如，在这个报告中我们试提出了对于崖面和各时代洞窟形状研究的线索，但要得到正确的结论，还需细致谨慎地去摸索每个洞窟、每一公尺崖面。需要研究的问题如下：

1. 崖层地质构造和用人工加强的方法，各种方向的崖石裂缝的加强方法。

2. 沙山、流沙的改造或彻底根除沙患的方法。

[①] 参阅附录一之插图二、三。

3. 对地震的防备方法和预测。

4. 水流、岩石、流沙等所含化学物质成分及其对颜色的影响及防备。

5. 重层壁画如何剥离，壁画如何永久保护，岩面露天壁画的保护方法。

6. 塑像、壁画残损部分的修复方法。

7. 各时代洞窟的研究，确定各窟的建筑、壁画、塑像的时代以及重层壁画的有无。

8. 崖面原状，各洞窟间交通问题的研究。

（四）彻底复原

在弄清了上面所列举的问题后，我们无疑地要把每一个洞窟都恢复到最恰当的时期的形状，当然有一些条件最完备的洞窟要把它恢复到真正创建时的原状。要使重层内掩没的壁画都重与人民见面，而不损坏重层上面的壁画。莫高窟的崖面要复原到宋代的形式，因为崖面在宋初才有一个较整齐的外观（详第三节），窟前是连绵的窟廊、栈道，既美观，又能对保护崖面起决定的作用。有现代的照明通风设备，它将是内外如一的艺术胜境，而不是现在的残岩、危石。北区荒废的洞窟，要选择典型保存原状，其余的可加以改造后适当地利用。最后还应当把各窟窟号重新编排一次，以纠正错误的印象和便于寻找。现在编号的缺点主要有两个：第一是没有弄清窟的建筑，把一个窟编了好几个号，如第 267～271 号是一个窟编了五个号；第二是各窟号并不完全相连，对游览或对进行研究工作都很不方便，不是长住敦煌工作的人很难记清楚哪一个号在哪一地区。现在标号旁附写的时代是指壁画的时代，也很容易误解为全窟的时代，所以在标号的同时还应当把洞窟建筑、壁画、塑像三者的时代分别标明。

这艰巨的工作不是三五年内所能办到的，甚至要到十几年之后。但是，五年之内做好短期的改善修整，十年之内做好修筑堤坝、洞窟加固工作，使它不致发生过大的损毁，以待彻底复原，似是必要的。而研究的工作则需即时开始，尤其一些具体的方法（例如壁画修理）是必须从实际试验中得到的。如果现在人力不足，就先从较次要的小范围开始，逐渐求得推进发展，研究工作时间愈长就愈能细致，所得到的结果才能最正确。

（原载《文物参考资料》1955 年第 2 期，本卷选用时据作者批注有所删改）

图 版

图版1　由第130号窟东望三危山和沙丘远景

图版2　由九层楼上看莫高窟崖顶沙漠

图版 3　第 233 号窟上面崖石中沙层情况

图版 4　第 230 号窟以北沙层剥空情况

图版 5　第 454 号窟上崖层

图版 6　第 181 号窟附近上部崖层崩坍情况

图版 7　第 170 号窟附近上部

图版 8　第 196 号窟附近崖层崩坍情况

图版 9　第 458 号窟附近及悬空情况

图版 10　第 250、251 号窟东壁完全崩坍

图版 11　第 187 号窟附近崖层悬空及崩坍情况

图版 12　第 301～384 号窟上面裂缝孤立的崖石

图版 13　第 292、436、437 号窟间崩坍悬空

图版 14　第 262 号窟崩毁，只余西面塑像

图版 15　第 257 号窟前凿除落下的大崖石的情况

图版 16　第 201 号窟旁崩落的巨大崖石

图版 17　第 159 号窟窟顶崩坍情况

图版 18　千佛洞东岸的土塔，西南面被风沙剥损，檐头残缺

图版 19　千佛洞东岸的土塔，东北面完整，塔表皮光滑

图版 20　第 143 号窟附近山坡上的防沙层

图版 21　第 401、402 号窟上的沙口

图版 22　第 203、204 号窟上的沙口及孤立的崖石

图版 23　九层楼前方积沙情况

图版 24　第 256 号窟上流沙情形

图版 25　第 243 号窟上流沙情形

图版 26　第 47～49 号窟前积沙

图版 27　第 257、259 号窟东壁崩塌悬空

图版 28　1952 年莫高窟前大水情形

图版 29　拆除土台后发现新窟的情况

图版 30　第 458 号窟窟顶北侧悬空崖层

图版 31　第 233 号窟窟顶崩塌后宋代所建木构天花

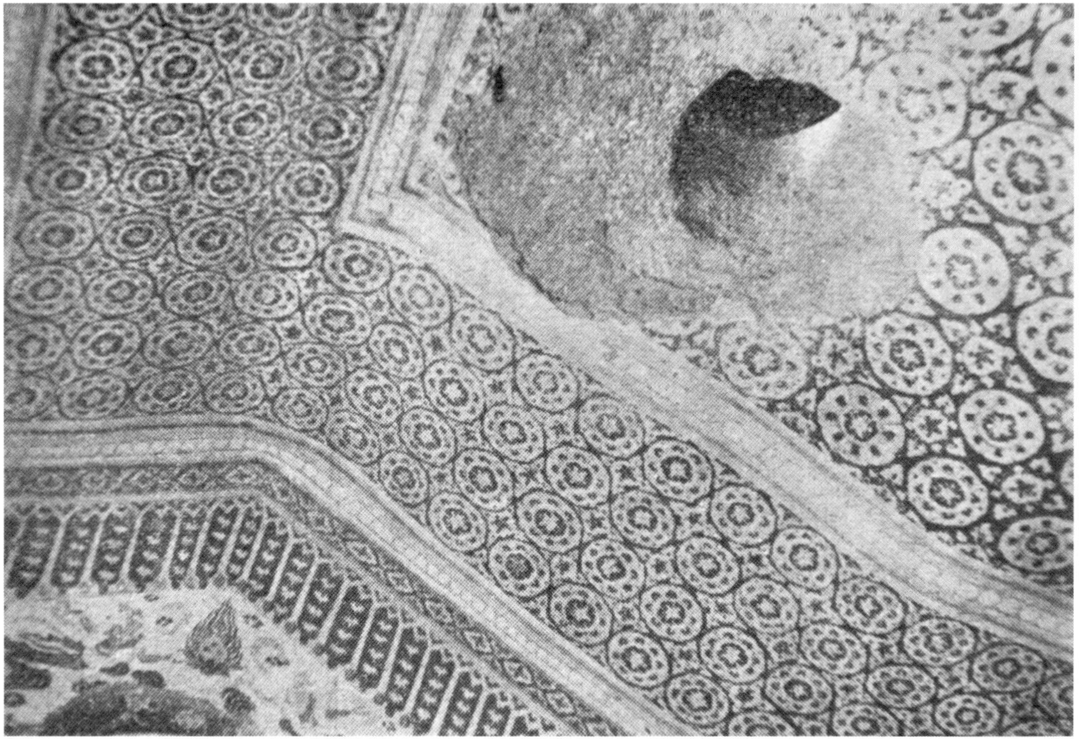

图版 32　第 263 号窟窟顶凿穿的洞穴

图版 33　宋代开凿第 61 号窟、破坏隋代第 62 号窟的情况

图版 34　第 273～275 号窟间后代在壁面上开凿的门洞

图版 35　第 263 号窟南壁宋代壁画下剥出的魏龛和魏塑

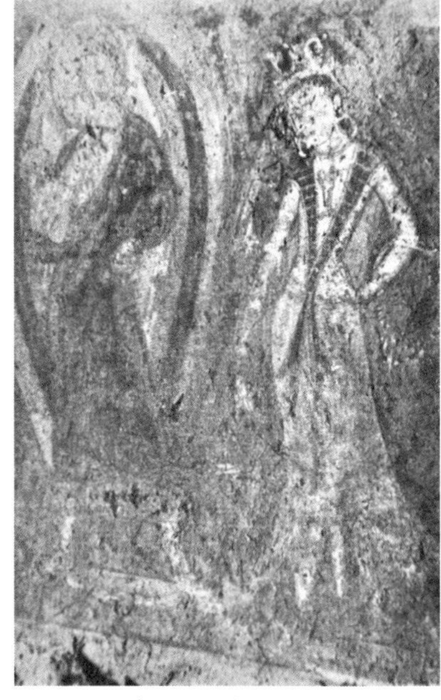
图版 36　第 263 号窟北壁壁画下剥出的魏画三身佛

图版 37　第 242 号窟北壁风沙磨损褪色情况

图版 38　第 277 号窟壁面裂缝

图版 39　第 334 号窟窟外西壁南侧壁皮剥离墙面

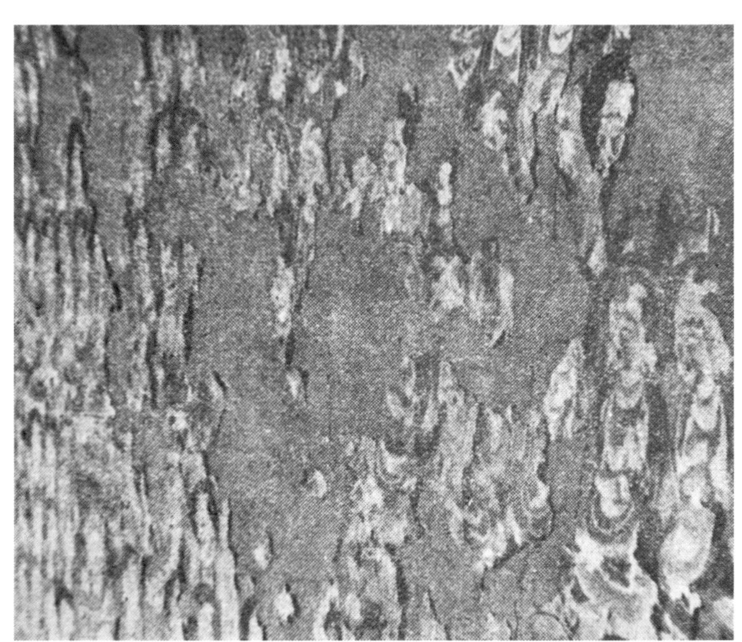

图版 40　第 161 号窟壁画粉皮剥落

图版 41　第 445 号窟北壁弥勒变上部及窟顶烟熏变色

图版 42　第 154 号窟壁画被粘损情况之一

图版 43　第 154 号窟壁画被粘损情况之二

图版 44　第 6 号窟经五代改筑增加土墙

图版 45　第 161 号窟塑像损坏情况

图版 46 第 194 号窟塑像残损

图版 47 第 205 号窟塑像残损

图版 48 第 215 号窟外南壁之影塑

图版 49 第 91 号窟上旧梯道痕迹

图版 50　第 25 号窟窟檐遗迹

图版 51　第 428 号窟壁画

图版 52　第 428 号窟人字坡及天花

图版 53　第 275 号窟阙形佛龛

图版 54　第 275 号窟中心柱上佛龛

图版 55　第 196 号窟甬道

图版 56　第 61 号窟窟顶壁画

图版 57　第 61 号窟背屏

图版 58　第 196 号窟窟檐

图版 59　第 196 号窟窟檐乳栿

图版 60　第 196 号窟窟檐斗栱

图版 61　第 16 号窟背屏

图版 62　第 427～431 号窟全景

图版 63　第 427 号窟窟檐

图版 64　第 427 号窟窟檐内景

图版 65　第 427 号窟窟檐梁架

图版 66　第 428 号窟窟檐内景

图版 67　第 431 号窟窟檐

图版 68　第 431 号窟窟檐梁架

图版 69　第 437、444 号窟窟檐

图版 70　第 437 号窟窟檐侧面

图版 71　第 437 号窟窟檐梁架

图版 72　第 444 号窟木栏杆

图版 73　第 444 号窟窟檐梁架

图版 74　第 120 号窟附近除沙之后情况（原刊封面图）

图版 75　第 458 号窟（原刊彩页）

附 录 一

对《敦煌石窟勘察报告》的补充意见[①]

敦煌文物研究所

在研究了《敦煌石窟勘察报告》材料后，关于彻底修建莫高窟的问题，我们有如下补充意见。

（一）明确修建的任务和目的

首先我们要肯定石室的破坏，应该分自然的和人为的两种。从现存的情况看，由于一千五六百年的长时间，自然的毁坏实在较人为的毁坏更严重。主要在于莫高窟玉门系砾岩的由小鹅卵石加上水层钙质黏着的组成本身，并不是一个坚实体积，从民间泥匠工人和我们几十年修理莫高窟的工作经验中体会到，在这些看来尚是坚固的砾岩上，只要浇上热水，黏着的钙质就会迎水酥润，减少附着力量，然后再加以铁凿，一般无不迎刃而解。由于这种情况，岩壁本身受了风沙雨雪、戈壁上早晚气候的变动，风化开裂以致坠毁的事故随时在发生。加上石室开凿的栉比相连，窟室与窟室之间的蜂窠相连，后来洞窟开凿时的互相侵蚀，都增加了莫高窟艺术宝库存在的危机。报告中对于这方面具体事实的举例是非常正确的。为了解决这项严重的问题，我们的任务，首先是做好岩壁保固工程。

关于岩壁保固工程的做法，我们一致同意采取钢筋混凝土的现代建筑方法，将悬岩断壁架起来，将破窟残龛补充起来，取消一切下堕、侧压、纵横开裂的支离分解的倾向。同时根据具体条件和可能，做个别洞窟结构上的复原工作。这是第一个步骤。

第二，在恢复洞窟结构原状、补充窟龛残破部分的同时，必须要消灭打穿壁洞为通道的不合理现象［插图一］。这些打穿壁画作为通道，是后来僧徒们为了搜括香火，破坏莫高窟的最可恶、最愚蠢的人为毁损之一。估计因此而毁损的洞窟共有 121 个之多。这些洞窟大抵甚小，仅可容身，往来穿行，由于衣服及手足摩擦所起对于壁画的损毁，

① 见前文题注。

插图一　历史遗留的打穿壁洞为通道的不合理现象

正在与时俱增。严重的问题是我们今天和最近的将来还不能不利用它作为参观和工作人员窟室之间的交通要道。因此，要尽可能快地取消这些现象。就是说，我们要把这些穿壁的小洞全部填塞，恢复壁画的完整原状。与之俱来的就是窟室之间合理的交通路线，要解决这个问题，我们就必须恢复莫高窟唐代文献上所称的“悉有虚槛通达”的“虚槛”，也可以说是栈道、桥廊或窟檐。

我们认为这里所称栈道、桥廊或窟檐的名称，事实上并不是完全相同的东西。“栈道”似乎和唐代所称“虚槛”相同，那是简单的为了解决上层窟室之间的交通而设的，一面有栏杆，可能是没有顶盖的桥（如麦积山、炳灵寺）。桥廊是在上述栈道的基础上加了顶盖；窟檐主要是为了保护洞窟本身而设的，如莫高窟第 444 号等宋代窟檐。

根据具体情况，我们要采取桥廊的那一种，因为莫高窟与麦积山、炳灵寺不同的地方在于：第一，莫高窟窟室外壁还存在着相当丰富的壁画；第二，莫高窟岩壁的后面有一座高达百余公尺、绵亘五六十里的大沙山（即鸣沙山）。莫高窟虽然没有很多的雨水，但有强烈的夹着沙的风和强烈日光，因此，这些桥廊的作用，不但是解决交通问题，还要着重解决风沙日光侵蚀壁画的问题。这是第二个步骤。

（二）具体的设计和施工原则

为了解决上述两个主要的问题，完成修建任务，关于崖壁保固问题，我们一致认为要采取钢筋混凝土的办法，适当地恢复一部分窟室的结构与形式。其次，关于桥廊的设计，要注意能够防风防沙防日光，而又要便于交通，便于参观和研究工作。在这方面，我们的意见还没有完全一致。我们不很同意用钢筋混凝土，像碉堡般把全部洞窟包固起来，我们也不同意用一个时代（譬如宋代）的形式来概括全部廊檐的样式。有人主张用钢筋混凝土架框式的结构，一方面承托岩石危险部分，一方面也解决了分层的交通问题。在架框的空间安装大面积的铁框玻璃门窗，内部全部用窗帘，这样可以防风防沙和防止日光等对洞窟的侵蚀。也有人不赞成采用玻璃门窗，因为这样可能造成外观的薄弱感觉；同时在有古代窟檐的部分，在技术上就难解决了。因为我们还没有做进一步的研究，不能把设计及施工原则讲得更具体，我们比较一致的意见是：要在保固与恢复的基础上，看个别情况做设计工作。关于修建建筑艺术的形式与具体施工步骤，除广泛地开展讨论外，还得组织专家、技术力量，到莫高窟来与我们共同进行缜密的研究，决定具体的策划（包括测量、绘图、模型制作等）与实施的步骤。

（三）关于防潮和其他

有一个矛盾的现象就是窟前种树防沙和因灌溉树木引水使沙土受潮，致使窟内壁画受潮的影响问题。我们同意水渠改道，减少潮湿是必要的，但许多事实证明，沙土本身也含有大量的水分。不但在 1944 年夏鼐先生等发掘佛爷庙戈壁六朝墓时已经证明这个情况，就是从莫高窟本身来说，我们在挖掘探坑时也有这种体会；因此，对于洞窟底层依于地面的部分，我们同意在一个相当高度的接触沙土的部分普遍地施行防潮壁的设备。与此同时，我们还提出洞窟西壁也有相当严重的潮蚀现象（显著的在底壁较大型的窟室方面），对于这种现象，可采用电器抽风设备，使窟内空气流动，以收到逐渐干燥的效果。

此外，还要防止部分洞窟壁画粉面起甲、以致剥落。那种现象的产生，是壁画制作时配合胶质的成分不适当或极干极湿的气候变化所致。如何使这些部分将要剥离的壁皮重新黏着壁画，是要请专家提供意见的。

关于剥离重层壁画的问题，由于极大部分在重绘之前底层壁画已被破坏的缘故，增加了工作上的困难；也还应考虑到可能收到的效果。那是一个极其仔细而审慎的工作，必须事先解决技术上可能发生的问题才敢动手。

最后，我们又提出取消清代以及王道士等所添塑的恶劣不堪、严重破坏洞窟壁画和原塑的五六百个以鬼王或道教内容为主的坏塑像的问题，我们一致同意要早一点把它们取下来，集中放在北段的无物的洞窟里。

我所保管组反复研究了《敦煌石窟勘察报告》之后，又在全体干部会上作了充分的讨论。我们一致认为报告中所提到的问题基本上是正确的，但在一部分问题上，我们也有不同的看法和一些补充意见。

关于报告第六节修理意见“短期内的修整改善”问题：

（1）防沙除沙：莫高窟西面约二三里的鸣沙山，是一座高百余公尺、绵亘往西五六十里的沙山，莫高窟与沙山之间，仅相隔一片平坦无碍的戈壁，所以每当刮起西南、西北或西风的时候，就会给莫高窟带来大量的流沙。关于防止风沙对洞窟艺术的侵蚀，我们采取了修建防沙墙、装设洞窟门、种植树木、除沙等四种治标的办法，起了一定的作用。至于彻底防止沙害的问题，将关联到整个地区的自然改造工作，短时间恐不能做到。

（2）截断水源：洞窟前树林中的水渠确实是下层潮湿的原因之一。但用截断水渠的办法来达到窟内的防潮目的，我们有不同的看法，因为窟前的这一条长达九百公尺的树林（约有二三千棵树），对于洞窟来说好像一道防沙的屏障。据生活在这里六十多年的老喇嘛易昌恕说：当他六十年前来的时候，莫高窟只有不多的一些老榆树和柳树，现在树长成了，也比从前多了，风沙也好像没有从前大了。这正说明树木对洞窟是有一定的益处的。同时，莫高窟周围的景象是十分荒凉的，这一片树林在戈壁中就显得更美丽，对广大的游览群众和生活在莫高窟的人，都增加了生气。如果截断灌溉这片树林的水渠，树林也就无法存在了。我们认为不能这样做，为了防止洞窟内的潮湿，可以采用新的科学方法，即是说在洞窟下层崖壁上施用防水层设备来防止潮湿，而不用截断水源的方法。

（3）现有窟檐的修理：关于第437号窟窟檐在复原时两檐角所加的翘飞，已在1953年纠正［插图二、三］。

关于"彻底复原"的问题：这里提出"要把每一个洞窟都恢复到最恰当的时期的形状"，当然莫高窟现存的洞窟大部分是极有价值的，但一部分洞窟残破得已经失去艺术价值，因此也就不必做复原工作。至于"莫高窟的崖面要复原到宋代的形式"，我们觉得这个问题是值得研究的。曹氏三世较大规模的修缮，一定增加了不少窟檐，但现在绝大部分不存在了。我们不可能设想当时的盛况，即使能找到一些线索，设计成假想的宋代的崖面形式，也不能适合全部从北朝到隋唐各时代的洞窟内容。这一问题在我们研究讨论中，意见还没有完全一致，认为应更审慎地从事研究，来处理这一繁复的问题。

关于报告第一节自然环境对洞窟的影响：

"气象"：据我所的记录，1951年12月22日夜发生地震，第211号窟窟顶壁画坠落1.5平方公尺；1952年3月（日期不详）有轻微地震，无显著损失。特作补充。

"风沙"：风沙对洞窟壁画的破坏作用已如报告中所述，为了保护洞窟，和风沙作斗争就成为我们的日常工作之一。我们的方法是：1. 安装洞窟门。1951年以来我们共安装了近一百副窟门。2. 利用防沙墙防沙。近年来没有新造防沙墙，但旧的沙墙仍然保持着它的防沙作用，在流沙积满墙外的适当时候，我们可以利用人力予以清除，防止流沙经常的、无限制的随风飘流。最近我们还在戈壁和崖面的边缘全面修筑防沙墙、防沙沟，这样可以使流沙在没有流到崖面上斜坡部分时就被截留了一大部分。我们这里也有人怀疑这种防沙墙的作用，但据安西（多风沙的地区）公路养路段的同志谈，他们在流沙地带的公路路侧筑较高的（2～3公尺）防沙墙，有很大的防沙作用。因为在一般的情况下，大风携带的沙尘大半是沿地面平飞，一遇到阻碍，因风速的减低，大部分较粗的沙粒停止下来，即达到防沙的作用。

关于流沙埋没下层洞窟的问题，过去我们也有同样的推测，但1953年在修路除沙期间并未发现洞窟，在1953年10月底和11月初又重点进行了一次发掘，在第15、57、59、60、64、102、112、113、123、124、152、322号等12个洞窟下面或近旁，

插图二　窟檐纠正前的情况

插图三　窟檐纠正后的情况

挖掘了9个探坑，深度从1.5公尺到2.6公尺。在第57、59、60号3个窟下发现了4个小型唐窟（全部积沙，壁画全毁），其余7个探坑没有掘出洞窟，可以说明被积沙埋没而未经掘出的洞窟是不如想象那样多的。当然这种挖掘工作还要继续进行，要进一步了解地下情况，才能完全确定洞窟的有无。

关于北区洞窟崖面受水流冲激而逐渐崩塌的情况，近一两年来继续有大量的崩塌，这种情况是必须立即防止的。

关于报告第二节各洞窟损坏概况，在“堵塞”一项中说，挖掘了的5个探坑内有淤土两层，这样会令人误解为在古代开凿下层洞窟以后，窟前曾长期积水，因此有淤积泥土。实际上，在几个大洞窟前的探坑中能挖出少量泥土，只能认为是倒塌建筑物的废土，同时这种情况还是个别的，绝大部分洞窟前的地下情况都是流沙、砾石。我们最近所挖的9个探坑和二十几个电杆坑（坑深2公尺），绝大部分的坑内都是流沙、砾石分层堆积起来的，可以说明窟前并没有淤土。在“塑像损坏”一项中，应补充：莫高窟最大的几个造像的做法是就岩凿出粗胎、以草泥作肉，一般的塑像都是以木料及苇草（或芨芨草）作骨，以草泥打底，以麻筋细泥为表面的做法。

关于报告中第三、四、五节所提出的问题，是属于研究探讨的性质，我们也正在研究中，不再提出意见。

（原载《文物参考资料》1955年第2期）

附 录 二

敦煌附近的古建筑

——成城子湾土塔及老君堂慈氏之塔[①]

（一）成城子湾土塔［插图一至三］

敦煌大泉上游南河湾，亦名成城子湾，河南岸高岗上有塔，全部用土墼建成，表面敷细泥塑出塔门及装饰。东面为塔门，其他三面为假门，门下部较上部略宽，券口上塑出背光形装饰，其下沿门两侧用柱承托，柱头及柱中作成束莲，与千佛洞宋代木廊彩画相似。门两侧壁上各塑龙一条，龙首在门上方左右相对，各伸一爪捧火焰宝珠。塔基最下层为较高之台，其上须弥座二层均有扁平莲瓣，再上仰覆莲各一层，上承塔身。塔身四斜面上有损毁痕迹，塔东侧地面上有残塑天王像一块，似乎四斜面上原系四天王塑像。

塔身每角出八角形柱，下用覆莲柱础，柱间隐出额方，每面隐出四铺作斗栱及人字形补间。隐出泥道栱及人字形栱均作卷草形，铺作上出叠涩两层，莲瓣一层（每面五瓣），其上作屋面，起博脊，脊上挑出莲座一层（每面五瓣），莲座之上即为塔顶部分，共作宝装莲瓣七层，每个莲瓣尖上作单层小方塔一个，最上一层莲瓣之上又起八角座，座上又作一较大之单层方塔，是为塔之最上层。

这土塔的外形与山西五台山金塔很相似，塔顶部分又有些像正定花塔，这些层层的宝装莲花和小塔组成的塔顶与一般用塔刹忍冬装饰的塔顶，完全是两种不同的趣味。由它的装饰——龙、束莲、莲瓣、人字影作——和莫高窟壁画比较，大致是唐末宋初的作品，也是莫高窟附近土塔中最精致、最早的一个。

塔的南方相距不远有另一相似之塔，较此塔略小，损坏较甚，其东南侧有一土墼筑

---

① 本篇原载《文物参考资料》1955年第2期，无署名。据《文物》杂志社元老郑昌政先生回忆，此系陈明达先生1953年考察敦煌石窟时所作，文中插图（测绘图一张、照片四张）亦系作者所绘所摄。今因照片原件无存，印刷品过于模糊，补近年之现状摄影三张。

插图一 成城子湾土塔全景旧影（陈明达摄）

插图二 成城子湾土塔全景近况

插图三 成城子湾土塔塔顶旧影（陈明达摄）

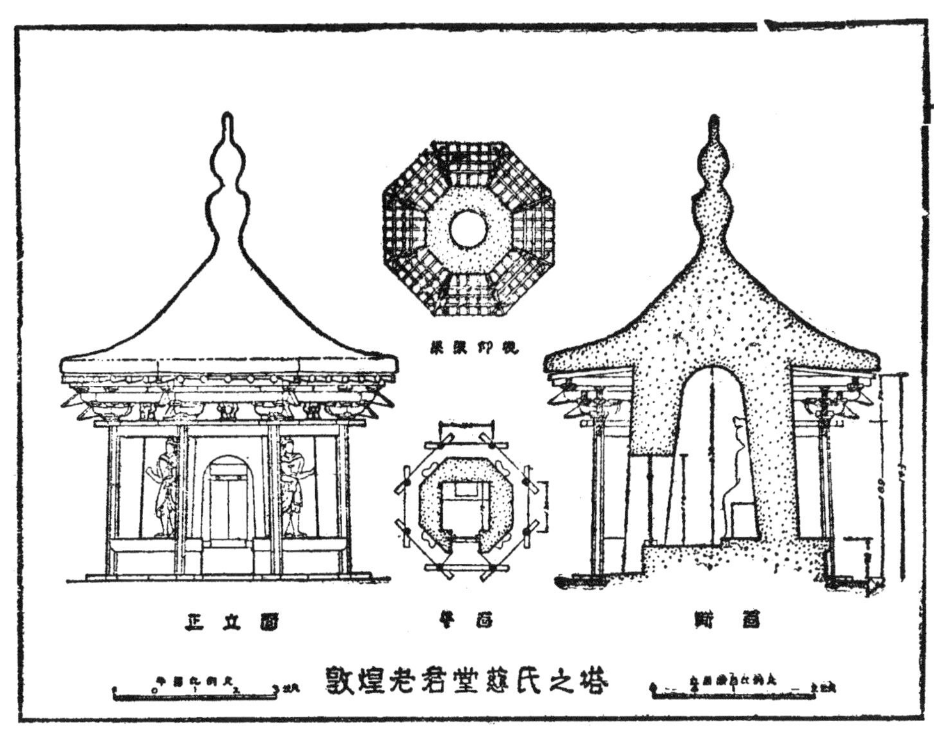

插图四　敦煌老君堂慈氏之塔测绘图(陈明达绘)

插图五　老君堂慈氏之塔全景旧影(陈明达摄)

插图六　老君堂慈氏之塔全景近况

插图七　老君堂慈氏之塔檐部结构旧影（陈明达摄）

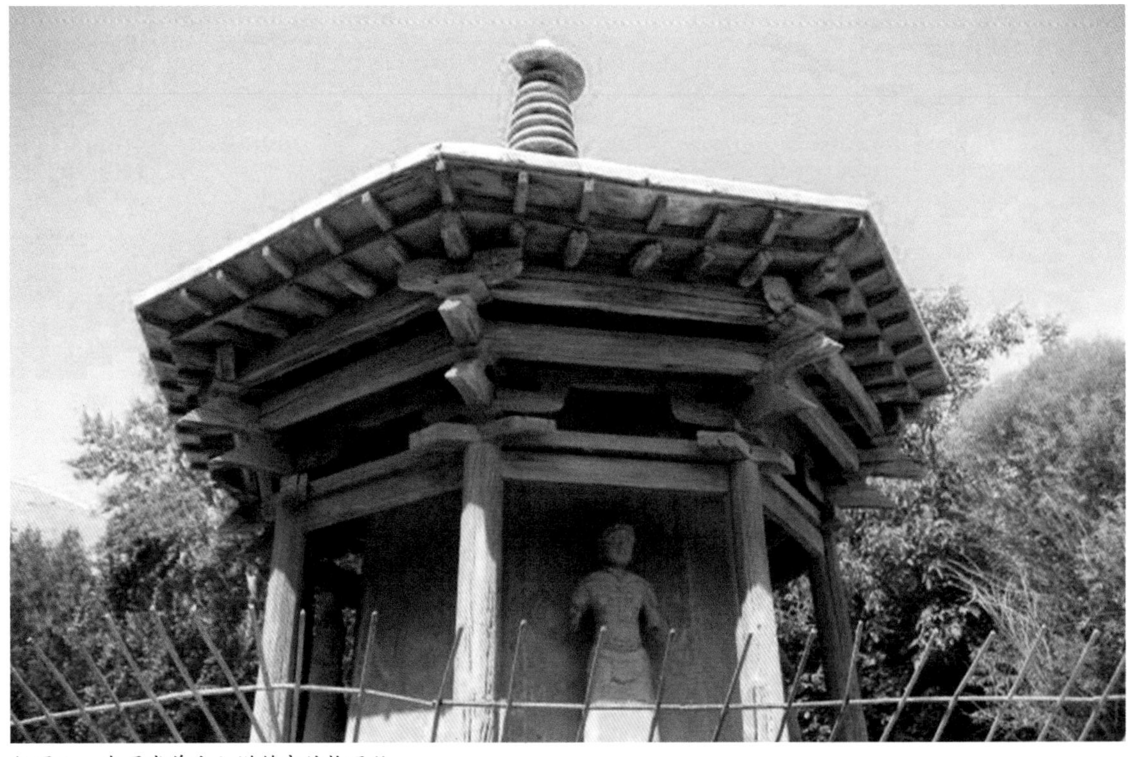

插图八　老君堂慈氏之塔檐部结构现状

成的小堡，堡内有唐代花砖，可能都是同一时期的遗物。

（二）老君堂慈氏之塔［插图四至八］

老君堂在莫高窟东南约三十里三危山中，现存三教殿及僧房数十间、墓塔数座，其中一塔题额为慈氏之塔，木建土顶，八角单檐。外面周围廊，廊内作单层叠涩座，束腰上嵌砌飞马及龙纹砖，惜漫漶不清。廊内四斜面塑天王像，三正面画天王像，正南面开门，门内为方形穹隆顶小室，顶上圆形藻井中绘单团龙，下为垂幛纹，壁面绘文殊、普贤，中塑慈氏坐像。门口影塑双龙，内额上彩画尚隐约可见。每面柱上用阑额普拍方，每角柱上用五铺作双下昂斗栱，栌斗口内出泥道栱一，上承柱头方，第一跳下昂上承罗汉方，第二跳下昂上承橑檐方，并不用栱。正面并不用补间铺作，而在柱头方下施单托神，每面用檐椽五枝，出檐短，角梁头雕作龙头形，不用套兽。椽上用连檐，柳笆望板，上用柴泥作屋面起刹。

这个直径2.6公尺、高5.5公尺的小塔，外形极为玲珑，各个细小部分都是经过一番思考做出来的。这样小的面积内要装下四天王、慈氏、文殊、普贤而不拥挤，配置得恰到好处，真不是件容易事。从它的塑像壁画及建筑上的手法和莫高窟相比较，我们可以断定它是宋代初年的建筑，现在塔附近地面零散的魏唐花砖和僧房墙壁上嵌砌的宋代木栱，证明着这寺的历史大致与莫高窟相去不远，而当时一定还有不少的建筑，不知在何时都被毁去了。

在建筑上有几点特殊的地方：一、斗栱所用材高12.6公分，厚7公分，栔高4～6公分，其材高与宽之比为18：10，比宋代标准做法略高。二、栱端卷杀自斗口外平出一段，然后直向上弯，再向栱端卷杀，呈反曲线形。三、角昂上隐出华栱。

（原载《文物参考资料》1955年第2期）

附 录 三

敦煌第431号窟窟檐模型

模型正面（1954年后制作）

模型侧视（1954年后制作）

整理说明

本篇原刊署名及日期：勘察工作者赵正之、莫宗江、宿白、余鸣谦，报告整理执笔者陈明达，1951年6—9月勘察，1954年11月编写。今列参与此项工作的四位前辈简介如下：

赵正之（1906—1962年），著名建筑历史学家。原中国营造学社研究生，历任北洋大学北平部、北京大学工学院、清华大学建筑系教授。

莫宗江（1916—1999年），著名建筑历史学家。原中国营造学社研究生、研究员，后任清华大学建筑系教授。

宿白（1922—2018年），著名考古学家。曾任北京大学考古系主任、中国考古学会名誉理事长，著有《白沙宋墓》《中国石窟寺研究》等。

余鸣谦（1922—2021），古建筑专家。毕业于北京大学工学院建筑工程系，后任中国文物研究所高级工程师（教授级），著有《石窟保护三十年》《中国古建筑构造》等。

按整理者曾在陈明达先生生前询问过此事之原委，并曾走访莫宗江、宿白、温廷宽、郑昌政、路凤台等人，所了解情况大致是：

自中华人民共和国成立伊始，有关敦煌石窟的现状调查与修缮工作计划拟定工作即备受文化部、国家文物局的关注，遂由文物局局长郑振铎先生派上述四位专家，于1951年集中三个月的时间在敦煌作详细勘察。其间，曾对第437号窟等木构窟檐作边勘察，边拟定修缮计划、设计图样的尝试（参阅附录一）。返京后，因四位专家各有教学、研究任务，并未在当年完成勘察报告的撰写。陈明达先生于1953年到任文物局业务秘书兼主任工程师后，接手了此次勘察所获原始资料（文字记录、测绘草图、摄影），开始撰写报告。在此期间，陈明达曾专赴敦煌作补充勘察（同行者中有美术史家王朝闻先生等），回京后查阅历史文献，与赵正之等交流意见，并与莫宗江等作交流探讨，绘制测绘草图、正式测图等。此外，根据此次活动中的建筑测绘，日后陈明达先生又指导北京文物整理委员会模型室的井庆升、路凤台等制作了敦煌第431号窟窟檐模型，这也是一项重要的学术研究成果。

此勘察初稿约在1954年5月完成后，曾将油印稿送敦煌文物研究所征求意见，并在不久后得到反馈。之后，作者对此稿作了修改，将正式文本与敦煌文物研究所的反馈意见文稿一并在《文物参考资料》1955 年第 2 期上刊载。

1998 年《陈明达古建筑与雕塑史论》出版时，所刊本文系整理者根据作者生前批注作少量删改的文本，但囿于当时条件，未能刊载原图版与插图。此次编辑《陈明达全集》，将本文之原插图、图版如数刊载，并注明绘图者；将敦煌文物研究所反馈意见《对〈敦煌石窟勘察报告〉的补充意见》列为附录一；陈明达自己在考察中勘察了当时尚不为人所知的成城子土塔，作短文在同期发表，但未署名，此次列为附录二；第 431 号窟窟檐模型照片列为附录三。凡此种种，庶几为读者提供这项共和国成立初期重要的文物考察工作的翔实资料。

整理者

关于龙门石窟修缮问题[①]

引　言

龙门石窟是我国古代大石窟群之一［插图一］。这里蕴藏着自北魏至唐代的无数精美的雕刻，是我国文化艺术的丰富遗产，是继承民族优秀雕刻艺术传统、创造社会主义新雕刻艺术的宝库之一。我们必须珍视它、保护它，使之发挥应有的作用，为今日的文化建设服务。

中华人民共和国成立后，对龙门石窟给予了很大的关怀，历年来不断地加以修整，并设立龙门石窟保管所，专门负责保护管理工作。但是，有些工程较大、技术要求较高的问题，还没有根本解决。九年来经济建设的成就，大大提高了人民物质生活水平，因而人民对文化生活的要求也逐渐提高了，更进一步地修整龙门石窟，在目前已成为亟待解决的问题。因此要求拟订一个修整规划，以便逐步地修整。

规划分为远景和近期两部分，是根据各种不同要求拟出的。其中远景规划的轮廓和奉先寺窟檐（或窟顶），有两三种不同的意见。因为个人的水平不高，很难说出哪个办法比较好，所以作为不同的方案提出来，而把个人的看法作为说明附在后面，以供大家参考和讨论。

远景规划拟在五至十年内完成，近期规划拟一二年内完成。洛阳是一个交通极便利的城市，又有很多新工业建设，在今年庆祝十周年国庆时，必然会有更多的游人及国际友人来此参观游览，所以近期规划的主要部分，拟在今年国庆节前完成。

---

① 作者时任文化部文物局业务秘书、主任工程师，负责审阅各地文物保护工程计划。据作者生前回忆，此篇即是审阅当时河南省文物部门会同若干研究机构提出的若干份修缮计划书，向文化部决策者提交的审阅报告（含自己的意见、建议）。当时文化部及文物局建议在《文物》杂志上公开发表，有重大工程须作公开讨论、征求公众意见的意图。

插图一　龙门石窟全景

一、远景规划的轮廓

第一个方案。这个方案的要点是以雕刻艺术为中心，把龙门建成一个古代伟大雕刻艺术的专门博物馆。现在的龙门石窟保管所，发展成为雕刻艺术研究所，使龙门石窟成为我国和世界上一个雕刻艺术的研究中心。

建设完成后，龙门将成为一个环境整洁的绿化区，东西两山除了石窟区域外，满山都是树林。伊河被治服后，水流将变得清澈，不再泛滥，平静地穿流过伊阙。西山公路将改线后山，石窟前的交通路改建为游览路。石窟的严重自然灾害（山岩松裂、地下水渗透、雕刻表面风化）将消除，奉先寺露天雕刻将建起保护建筑物，每个石窟都有既便利又安全的梯道可通。在雕刻艺术研究所工作的专家，既是龙门石窟艺术的研究者，又是参观群众的宣传员。为达到这样的目的，在五至十年内大致需完成下列各项修整工作：

1. 通往各石窟的梯道工程；

2. 奉先寺大窟建筑工程；

3. 岩层裂缝、松散部分的加固工程；

4. 各石窟山坡上表面排水工程；

5. 疏浚泉流及堵塞漏水石缝工作；

6. 防止雕刻表面风化工作；

7. 其他名胜古迹（如禹王池、白香山墓等）的修整工程；

8. 西山公路改线工程；

9. 东西山植树绿化工作；

10. 伊河防洪工程；

11. 研究所房屋建筑工程。

第二个方案。这个方案的要点是把龙门建成洛阳市的文化公园，在公园中有古代的石窟雕刻艺术、名胜古迹，也有新建的游廊亭榭和人工湖。

它不同于第一个方案的是龙门东西山的范围可以尽可能地扩大，在后山大规模植树，西山中段及东山南北两端种植观赏花木，建设花圃花园，整治天然泉石，建筑游廊亭榭和休息文娱活动场所。在伊河洪水被控制后，于龙门北端建一低坝，使两山之间成为人工湖泊，以供各种水上娱乐活动之用。龙门南端建造人行桥以便利游人往来。建设完成后，龙门将是一个包括古代雕刻艺术在内的大公园。它不仅是研究我国古代雕刻艺术的重要地点，同时也是洛阳市人民群众假日休息娱乐的场所。因此在五至十年内除需要完成前一方案中 1～8 项工程外，还要完成下列几项工程：

1. 东西两山植树、花木培养及花房建筑工程；

2. 伊河防洪工程、疏浚东西山间伊河河道及建筑堤坝工程；

3. 办公房屋建筑工程；

4. 游艇码头及天然游泳池工程；

5. 自然泉石的整理和游廊亭榭建筑工程；

6. 文娱及服务性建筑工程。

二、近期规划

近期规划是远景规划中的一部分，主要是拟在一二年内全部完成远景规划中的1、2两项，开始或部分完成3、4、7、8、11各项，并对5、6两项进行研究试验工作。

1. 修建各洞窟间梯道。现在各洞窟间交通设备尚不完善，西山两端及万佛沟很多洞窟不易攀登，均应修筑梯道。根据各个洞窟所在地形条件，梯道可以分别采用修筑水泥梯道、开凿石级或修筑泊岸等办法，但均应加设栏杆。现在很多洞窟都没有门窗，对于保护雕刻和防止人为损坏都很不利，需要加设门窗以便管理。但是，将全部洞窟都加设门窗是有困难的，而各窟梯道和管理保护工作也有极密切的联系，所以可以把这两个问题合并作如下处理：

（1）按各洞窟所在的位置，可以将龙门石窟分成三组，即西山潜溪寺至摩崖三佛为一组，双窑至南极洞为一组，东山四雁洞至擂鼓台（包括万佛沟）为一组。把每一组洞窟的梯道作适当安排，使某些部分联结成一条主要道路，然后在适当位置建筑一两个总出入口，使到每一组洞窟均需经过总出入口。这样只需要在设计道路时作适当的布置，不必增加多少建筑费用，即可收到保护、管理全部洞窟的效果。

（2）现在西山约有25个主要洞窟，东山约有7个主要洞窟，共约32个主要洞窟，如有必要，可以再分别加修外厦门窗。但是这些洞窟门内外多数均有雕刻或另有小龛，安装外厦门窗不可避免地损坏雕刻，所以这个办法的采用是需要从多方面考虑的。

2. 奉先寺修缮工程。奉先寺是露天的大雕刻群，由于长期日晒雨淋，损坏颇严重，需要建窟檐或窟顶保护。有三个不同方案：

（1）奉先寺全部（宽33米、深22米、高约25米）建筑古典楼阁形式的大阁，用琉璃瓦顶油漆彩画。外观辉煌壮丽，但内部需要建筑两排柱子，对于欣赏雕刻艺术有很大的妨碍，并且经费较高。

（2）奉先寺全部建筑钢筋混凝土大券顶（跨度35米），券顶上部用土石填砌成天然山坡形状。正面按早期石窟窟廊形式，建成钢筋混凝土窟檐。这样奉先寺内部可以保持广大的空间，从而使整组雕刻也保持了原来的气氛。由于窟廊高大，可以和现在一样从对岸东山看到全部主要雕刻。［插图二、三］

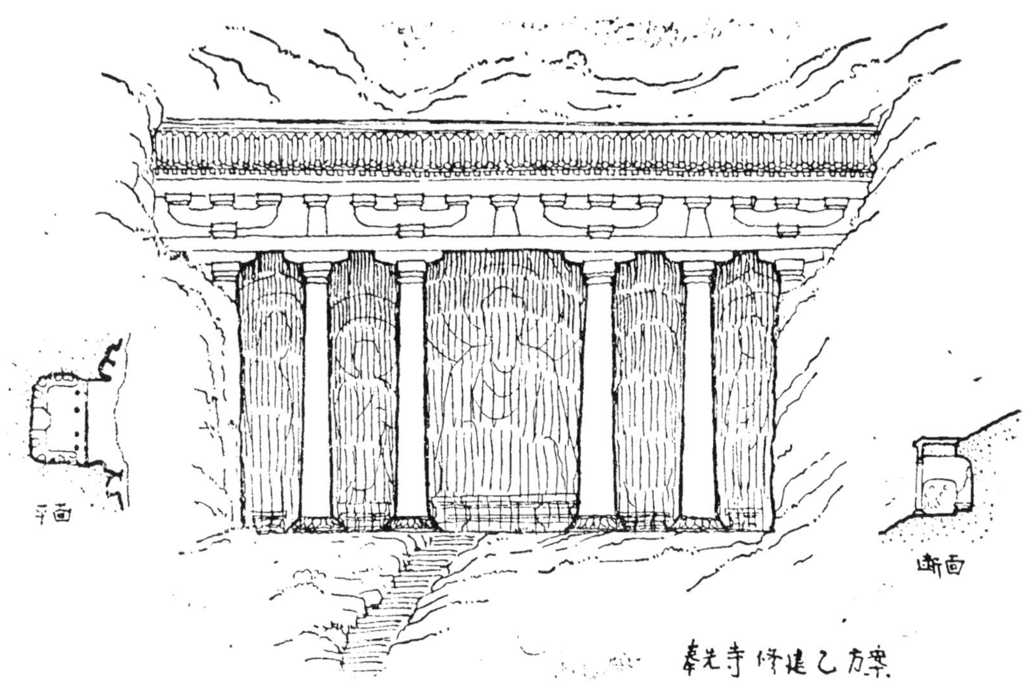

插图二　奉先寺第二修建方案（陈明达绘）

插图三　奉先寺第二修建方案（作者在实景照片上作笔墨示意）

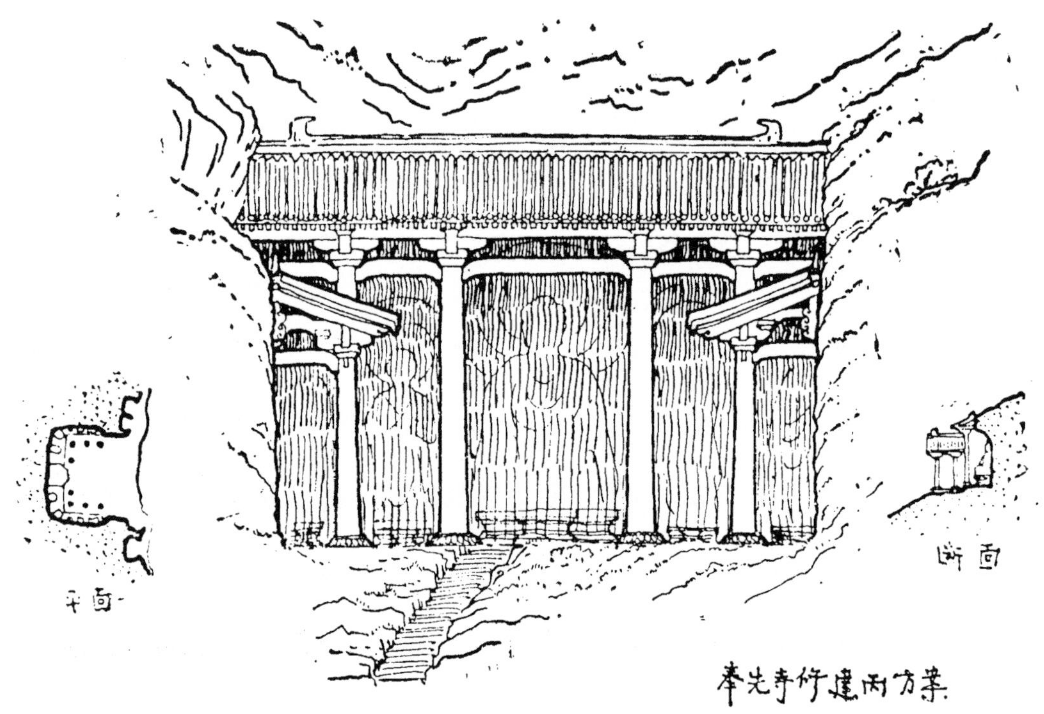

插图四　奉先寺第三修建方案（陈明达绘）

（3）沿奉先寺南、北、西三面，按照木构窟檐形式建筑钢筋混凝土窟檐，较上项办法可以节约经费一半，但是窟檐柱子距离雕刻较近，在外观上把原来的各雕刻分隔开来，失去整体性。并且由于窟檐深度只能做到8～10米，而柱子高度达20米，使雕刻下半部分仍不能完全避免日晒雨淋。［插图四］

3. 岩层裂缝、松散、逐渐崩塌，是龙门最大的自然灾害之一。加固岩层是一个艰巨细致的工作，在近期规划中拟结合奉先寺修建工程，先完成奉先寺南侧加固工程。奉先寺南侧诸雕像，已受岩层裂缝、松散的影响而损坏，将来不论建筑券顶或窟檐，其新增建筑重量又将加于山坡上，故必须首先加强南侧岩层。目前计划用压力灌浆加固，但这种加固自然岩层的工作还很少有可遵循的经验，具体如何做法，需在工程进行中不断地研究改进。

4. 整理环境，采取措施减少窟外山坡积水。排除雨水是保护雕刻石质、防止石层疏松的办法之一。需在每组石窟的上方修筑系统的排水沟道，防止雨后山水冲刷雕刻。洞窟四周杂草积土，也是破坏石层的危害，需要把所有石缝间积土杂草根除干净，用灰浆嵌填起来，务使洞窟四周寸草不生。这些措施可以减少雕刻潮湿生苔、风化等损坏现象，是保护石窟的重要工作之一。在近期规划中，拟完成主要洞窟部分。

5. 雕刻表层石质风化和窟内石缝渗水，是国内大多数石窟普遍存在的问题。如何防止和修理，尚在研究阶段，目前还缺乏有效的办法，在近期难以正式修理。但是要做一些试验性工作，并且把它列为龙门石窟保管所今后的研究内容之一。

6. 白居易墓也是有名的古迹，到龙门游览的人都要去看一看这位诗人的墓葬。在近期规划中拟修建一条登山道路和两三个休息亭子，并把墓墙、碑刻略加整理。

7. 东山公路拟在近期改建水泥路面，以减少尘土、震动对东山石窟的影响，将来亦可用为东山游览道路。

8. 在近期拟建的办公房屋。宾阳洞前左右两侧保管所办公室、东山原水文站办公室、看经寺擂鼓台的小棚屋，均靠近石窟，对参观、保护均不相宜，拟拆除改建。保管所办公室、宿舍、食堂拟于西山北端煤土沟山坡上或禹王池西面山坡上选择新址建筑。考虑到今后发展的需要，可增建部分研究试验用房屋。此外，近年来保管所收集到不少散失在民间的雕刻品，拟将宾阳洞前现有招待室改为陈列室，并于奉先寺一带另增建一陈列室。

三、几点说明

1. 岩层碎裂问题。这即是计划中的第三项工作。岩层碎裂以奉先寺最严重，东山擂鼓台次之，其他各窟也有轻微的迹象或者隐藏着这种危害。以最严重的奉先寺来说，它的南部雕像已经崩坍了大部分，西部雕像已是满身裂缝，而山上的断崖危石，看来真是摇摇欲坠，可怕得很。到奉先寺来看的人无不提出要赶紧修护的意见，这是很自然的。我们要重视这个现象的严重性和它可能引起的后果。可以肯定，如果不加修护、任其发展，将来必然会有一天全部崩坍毁灭。不过，我们需仔细地观察研究，弄清危险的程度、发展的速度，找出它的根源，以便对症下药。

现在我们手中有的是二十多年以前的照片［插图五］，拿来和今天的情况对照一下

插图五 1936年中国营造学社考察奉先寺旧照（陈明达摄）

就不难看到，二十多年来的变化是微小的。这就是说情况是危险的，但它的发展是缓慢的。这种因自然界变化所造成的损坏，是在很长的时间内形成的，但就现有的迹象来说，这一天还在遥远的将来。因此，不应当肯定这种突变立即就会发生。不过我们应当估计到缓慢的发展，必然会有一天发生突然的剧烈的变化。

我认为奉先寺一带崖层中的溶洞，是造成这种损坏的主要根源。这些溶洞大都很小，奉先寺南端菩萨像和阿难像［插图六］后面的一个长、宽各10余米，是最大的一个。通过和存留在这些溶洞中的地下水对崖层起着破坏作用。必须弄清楚每一个溶洞，把它填塞起来；必须把在雕像表面和溶洞里面所找到的崖层裂缝很仔细地填嵌好，然后用压力灌浆充填坚实。这是一个需要较长时间的细致工作，不是仓促从事所能做好的。

所以修整计划中对奉先寺南崖的加固工程，表面看来似乎是为了奉先寺要加建顶盖而做的，实质上它是龙门修理工程中最主要的一项，正是解决龙门石窟问题的根本工作，必须予以最大的重视。针对这种危险情况的修理越早做越好，早修一天就可以减少一些损坏。修建窟檐对保护奉先寺有一定的作用，但是并不能解决这个根本问题。去探寻这些溶洞裂缝、一一加以填充是需要较长的时间的，但是这种损坏的发展速度又给予了我们很充分的时间，可以细致谨慎地去进行这一工作。

2. 雕刻风化剥蚀问题。这就是远景规划中第 4、5、6 三项工作所要解决的问题，是龙门石窟的第二个大病症。地面水的冲刷和地下水源旺盛，使大部分雕刻经常呈饱水状态。经过冰冻融化的过程，雕刻表面薄层逐渐粉碎，日渐模糊，同时也造成了一些细微的裂纹。而山水冲刷下的泥沙灌进裂缝中，又使裂纹日渐扩大。有些泥沙淤积较多的地点生长了杂草小树，更加速了裂缝的扩大。这些因素互为因果地对石窟雕刻起着破坏作用。还有些窟内石缝渗水，水中的大量石灰质在一些雕刻表面结成了一层钟乳石。窟内渗水量较大的地方则终年潮湿，雕刻表面上生了一层青苔。就这样不知损坏了多少精美的雕刻品，这也是必须根治的大病。[插图七至九]

计划里提出的清除积土杂草、填嵌窟内外缝隙、修建排水沟、疏通泉水等工作，是为了解决表面水冲刷渗透和窟内渗水问题，并且使地下水有畅通的出路，都是极其重要的工作。不过，这还不能解决雕刻表面薄层风化的问题。我们知道石质表层风化粉碎，主要是石内含有水分，经冰冻融化的过程造成的。上述措施还不能完全阻止地下水通过石层内部或停留在石层内。由于石质的毛细管作用，雕刻品仍然可以吸收足够多的水分，继续造成风化现象。如何防止这个破坏作用，在本期《文物》中已经介绍了一篇重

插图六　二十世纪五十年代奉先寺南端菩萨像和阿难像（陈明达摄）

插图七　二十世纪五十年代奉先寺南端菩萨像（陈明达摄）

插图八　二十世纪五十年代奉先寺南端阿难像（陈明达摄）

插图九　二十世纪五十年代奉先寺南侧崖壁自然状况（陈明达摄）

要的研究论文，可供做试验工作的参考。[①]

3. 龙门很多石窟开凿在悬崖陡壁上，不易攀登，使一部分雕刻不能发挥它应起的作用。计划中的第1项修建梯道就是为了解决这个问题。同时出于管理的方便，把梯道有计划地组织起来，分组设立几个总出入口，以减少人为损坏的机会，这也是一项十分重要的工作。

以上三项我认为都是必须做的工作，前两项是保护石窟雕刻的基本工作，后一项是为了发挥它的作用的基本工作。前两项不是单纯的工程，而是一个研究、试验和工程互相结合的细致的工作，需要一部分一部分或者一个窟一个窟地做，要有较长的时间。后一项仅是一个工程，只要设计做好，就可以一气呵成。

4. 奉先寺窟檐。龙门急需修理，最初就是从奉先寺谈起的。这是争论较多的问题，所以计划中把各种不同的意见归纳为三个方案。这里再谈一谈我个人的看法。一些同志看到奉先寺雕刻崩裂的危险情况，认为必须赶紧修理，同时又根据碑记上“武氏助脂粉钱二万贯”的记载，并且和俗称“九间房”联系起来，以为当时这些雕像就是有九间大

① 指《文物》1959年第3期刊载之苏联学者苏波特金、李伏查克所撰《建筑石料耐久性的提高》一文。

房的，因此主张恢复起来以解决崩坍的危险。奉先寺雕像长期暴露在外，经受着日晒雨淋，是促使碎裂崩坍、加速表层风化的一个因素，加建窟檐或窟顶遮盖起来，对于保护雕刻，是有很大的作用的。但是这并不能解除损毁的基本根源，所以基本的保护工作仍然是前述的 1、2 两项工作，加建窟檐只是较次要的工作。

这个窟区是不是要“恢复”原状呢？原来究竟有没有窟檐呢？我们先看一看奉先寺大佛座上开元十二年（公元 724 年）碑记中的一段：“……大卢舍那像龛记……粤以咸亨三年（公元 672 年）壬申之岁四月一日皇后武氏助脂粉钱二万贯……至上元二年（公元 675 年）乙亥十二月卅日毕功。调露元年（公元 679 年）己卯八月十五日奉敕于大像南置奉先寺……”可见它的本名是叫“大卢舍那像龛”，奉先寺是后人在碑记中找到的与它有关的一个寺名，由此就用以称呼这组雕像了。在龙门石窟中如龙化寺、清明寺等的命名，都是这样得来的，并不是寺即是窟。实际上奉先寺在西山南端的平地上，现时还能找到遗址。而这组雕像也确实是“龛”，这些大雕像实际都在龛内，顶上并不是露天的。不过由于龛特别高大，很容易忽略了上面的龛楣。这都是和碑记所述完全吻合的。其次，碑文说得很清楚，武氏助钱二万贯是为了雕像，在雕像完成了四年之后才建奉先寺。把这一段碑文和传说的九间房联系起来，说成是唐武则天皇后为建寺曾捐助脂粉钱二万贯，修建了九间大房，是没有根据的。

“九间房”是传说，不见于记载，它是根据雕像后面遗留的梁方屋脊的痕迹而来的。按照现存的安装梁方的孔洞，正面是七间，两侧各两间，无论如何也凑不上九间的数目。所有这些安装梁方的孔洞，都凿在雕像的背光上，破坏背光上的图案。有两排梁孔正好在主像的两肩上，使这个大卢舍那佛两肩上各驮负着四根大梁［插图一〇］。很难想象在唐代艺术发展到高潮的时代，会做出这样不合理的设计。并且它和这组雕刻的严谨不苟的布局，也是完全不相协调的。这都足以证明它是后来增建的，而不是原来就有窟檐。很可能这是在雕像开始坏损之后所增建的，并且这时期应当在唐代以后。因此，这个窟檐的遗迹只可以供我们作建筑窟檐的参考，而不必要按照它去复原。

那么怎样修比较好呢？我以为除了要使雕刻不再继续受日晒雨淋的侵蚀之外，还应当保持这组雕刻的空间布局。唐代是喜欢雕造大像的，如乐山凌云寺大佛、荣县大佛、永靖炳灵寺大佛、敦煌莫高窟大佛等等，都是唐代雕造的。单以奉先寺的主像和其他

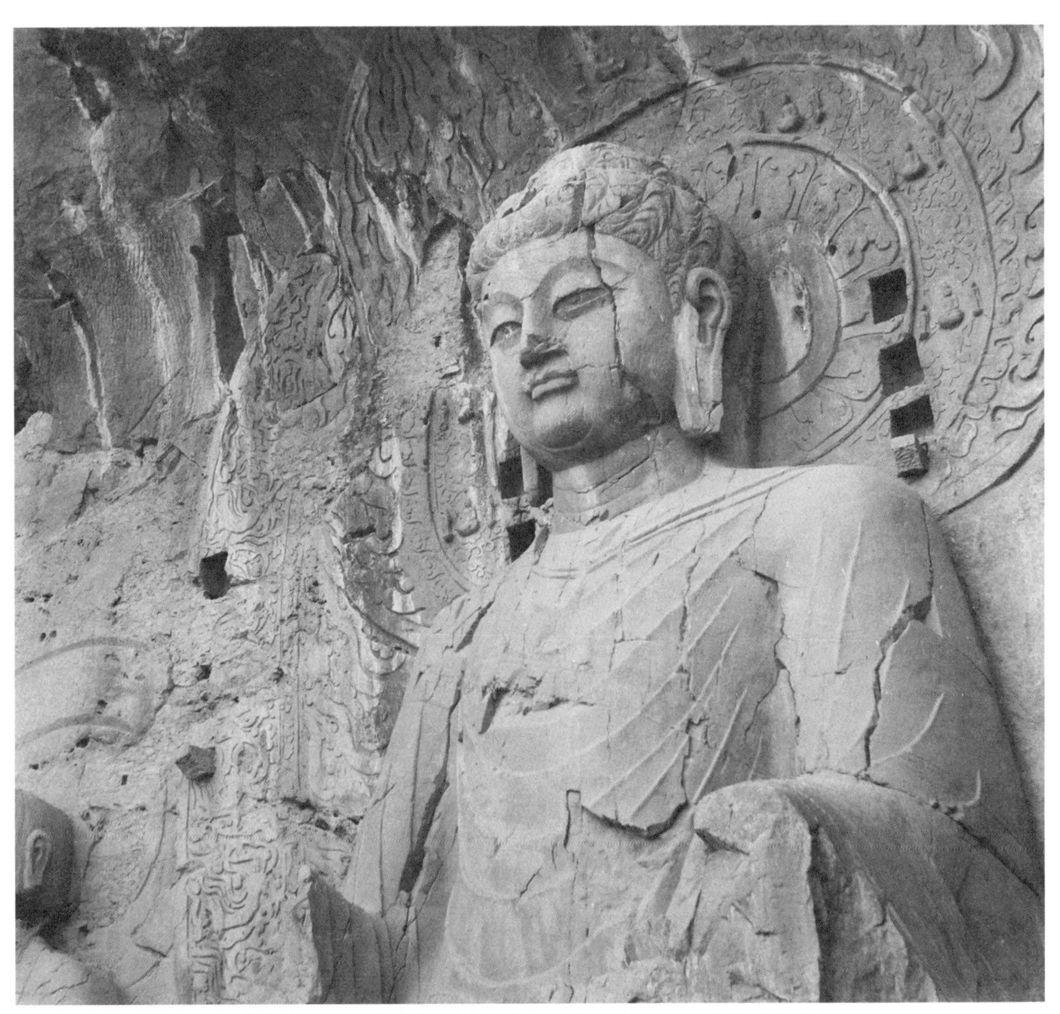

插图一〇　二十世纪五十年代奉先寺大卢舍那佛头部及背光之梁方孔洞（陈明达摄）

大佛比较，它是较小的一个。只是因为它的场面大，在广、深30余米范围的崖壁上雕成了成组的十一个大像，这是任何其他大佛所不能比拟的宏伟的艺术创造［插图一一］。所以应当保持这个巨大的空间布局，保持它在艺术上的完整性。

计划的三个方案中，第一个方案是拟建成三层楼窟檐，这就要在窟内建造至少两排柱子，不但破坏了原有的空间布局，并且三层屋檐遮蔽了窟内的光线。第三个方案是环围三面雕像建成“冂”形窟檐，是最节省经费的办法。但是，由于窟檐的深度只能做到8米左右，高度将是20余米，因此不能完全避免日晒雨淋的侵袭。如果把窟檐加深，造价就会和第二个方案差不多，又违反了提出这个方案是为了节省经费的原意。同时窟檐的柱子在外观上将把这些雕像分隔开来，也破坏了原来的布局。

插图一一　二十世纪五十年代末首先修复的奉先寺阿难像（陈明达摄）

我认为第二个方案是最符合上述要求的方案。这是用一个宽22米、跨度35米的弧券顶，把全部奉先寺覆盖起来，在入口的一面建成有四根柱子的窟檐形式。它达到了保护的要求，也完全保持了原有的广阔空间。在入口的一面是很开阔的，只有四根高20多米的柱子，这样就保证了窟内有充足的光线。如果仅仅考虑到经费较高的问题，我以为不是采取其他的方案，而是以这个方案为基础，要求做到多快好省。同时也可以考虑倘若条件困难，不妨再过一些时候再修建这个窟檐。

（原载《文物》1959年第3期，本卷选用时据作者批注略有删改）

石幢辨[①]

1958年,我看到建筑理论及历史研究室南京分室杜修均同志[②]写的《经幢初步探讨》的油印初稿，对于“陀罗尼经幢”的意义、起源及其形式的演变有详尽的叙述。但是我以为其中某些论据，是还待商讨的。最近在《文物》1959年第8期上又读到了阎文儒同志[③]《石幢》一文，恰巧他的论据和杜同志的某些论据一样。因此，决定把我的意见写出来以供讨论，并就正于阎文儒同志。

一、幢是什么

阎文说:“经幢是石刻的一种”，“引路菩萨所执的幡，也可称作幢”，“以上材料都认为幢与旗是一件东西”，“又有灯幢……这是幢的又一种形式”。把阎同志的话总括起来就是，经幢、幡、旗是一件东西的不同名称，而灯幢也是幢的另一种形式。这些解释，是颇令人糊涂的。

按照文字资料，对幢有两种不同的解释。第一个解释是阎文引《大日经疏》九:“梵云驮缚若，此翻为幢；梵云计都，此翻为旗，其相稍异。幢但以种种杂色丝，幖帜庄严；计都相亦大同，而更加旒旗密号，如兵家作象、龙、鸟兽等种种类型，以为三军节度。”

第二个解释在阎文所引用的文献中也可看出，但不如《佛学大辞典》简明:“幢（物

---

① 本文最初发表于《文物》1960年第2期时，标题为《石幢辩》。

② 杜修均，曾与张仲一、曹见宾、傅高杰合著《徽州明代住宅》。

③ 阎文儒（1912—1994年），著名考古学家，著有《中国石窟艺术总论》《唐代贡举制度》《麦积山石窟》《炳灵寺石窟》《两京城坊考补》《龙门石窟研究》等。

名），梵名驮缚若，又曰计都，译曰幢。为竿柱高出，以种种丝帛庄严者。借表麾群生、制魔众，而于佛前建之。或于幢上置如意宝珠，号之为与愿印，宝生如来或地藏菩萨之三昧耶形也。”

两个解释对于幢的用途是一致的，虽文字上有繁简之不同，都说明了幢是宗教用品之一；对于幢的具体形象，两者的叙述也是一致的。区别是一个把梵语的驮缚若、计都分别译为幢、旗，而说其形象稍异或大同；另一个是把两者均译为幢，而认为其形象是一样的。所以这里的问题是幢、旗究竟是两种不同的东西，或者是同物异名。我以为解决这个问题主要是从实物求得证明，只从记载中作烦琐考证，是难以正确解决的。

阎同志正是只作文字考证，所以他引《汉书·韩延寿传》“驾四马，傅总，建幢棨”（原注一）的幢，以及《一切经音义》卷二十九“幢旗”注“幢，翳也，自关而东谓之幢”，郭注云“舞者执之以自蔽翳也”等，证明幢就是幡，都是不能得到正确理解的。“驮缚若”和“计都”都是随着佛教传入中国的，翻译的人当然是从中国已有的东西中寻找相同或近似的东西而予以译名。所以译名的幢或旗和中国原有的幢或旗，是可以完全相同，也可以是相近似的东西。肯定它竟是完全相同的东西，已经是片面的了。何况还以西汉中期的幢去证明佛教中的幢就是幡、旗，这是难以令人信服的。至于《一切经音义》的解释，本来就是含混不清的。它说“自关而东谓之幢”，却并没有肯定自关而西就是谓之幡，而“幢，翳也”就更莫名其妙了。所以“郭注”只好说“舞者执之以自蔽翳也”，但也并没有提到一个幡字。阎同志在这里仅仅根据“舞者执之”的“执”，就把菩萨“执”之的“幡”也认作幢，未免过于武断。其实佛教中的“幡”也是译名，梵名曰“波哆迦”的就是。况且全部现存的幢和部分现存的幡上都有幢、幡的自名，也就是阎文所说“敦煌莫高窟藏经洞发现的绢本引路菩萨所执的幡”那样的东西。那形象之与幢不同，是无可争辩的事实。

古代佛寺中特有的一种石灯台，目前所知保存有三座，即山西太原童子寺北齐时代石灯台、山西长子法兴禅寺大历八年石灯台和黑龙江宁安隆兴寺渤海国时代的石灯台。石灯台在记载上也称灯座、灯幢、燃灯塔。上述法兴禅寺石灯台上就有“……于此寺敬造长明灯台一所”的铭记，自名为“灯台”。灯在佛教中是属六种供具之一，梵名“儞播”。《太原府志》“童子寺”条中对那个灯的供具意义就有较详的记载，显然和幢有不同的用途，不能混淆。现存三个石灯台，都是在基座、短柱上置莲座，莲座上是中空的灯室上覆攒尖顶盖。这形象和任一现存的石幢都是截然不同的。《金石萃编》中录有“保唐寺灯幢赞”一则，此物现虽不存，但既曰灯幢，我们也可以推测它是具备灯和幢两项用途的东西，或者是近似幢形的灯。所以其形象可能是一个灯台，而在其某一部分刻上了陀罗尼；也可能是近似幢的外形，而必定有一个中空的灯室以便安灯。又叶昌炽《语石》卷四《经幢篇》：“唐有灯幢，亦曰灯台，撰书皆精整，其制不甚高，约不逾三尺，其文有铭、有颂、有赞，前后多刻尊胜咒或刻施灯功德经……”皆可证明其实也还是灯台，而灯幢是灯台的别名。所谓“其制不甚高”是指刻文部分，因为灯台或幢的实物其总高在六尺以上。正是其高不逾三尺，可知文字是刻在灯台的短柱上的。总之，灯幢可以肯定是灯台的另一名称，而不是幢的又一种形式。假使有的幢上也可以安灯，或者有些灯台上刻上了《陀罗尼经》，那也还是幢或灯台。这道理很简单，比如佛殿里安了灯还是佛殿，灯台上的灯室做成佛殿形也还是灯台，是同样的道理。

那么，幢是不是石刻的一种呢？这首先要弄清“石刻”是什么。不巧，这个名词现在还找不出精确的定义。已故的马衡先生在他的遗著《石刻》（原注二）中下了个定义说：“当时人刻的石，记载当时的事实，有直接史料价值，我们叫它做石刻，也可以广义地叫做碑。至于古人的手迹，后人把它重摹上石，这种石刻，我们叫做帖。”但是这个定义不大可信，因为他自己的文中就不遵守。在《石刻》这篇文章中他是把陶器上、砖瓦上乃至木头上刻的文字都搜罗在内的，并且也不一定是记载当时的事，不一定有直接史料价值，像《佛顶尊胜陀罗尼经》就是没有直接史料价值的一例。不过，按照他全文的内容，可以使人得到这样一个概念：“石刻”主要是指刻在石头上的文字而兼及陶、砖、瓦、铜、铁、木上刻或铸的文字。它着重的仅仅是文字，所以倘把幢上刻的《陀罗尼经》收入石刻之中是可以的，而并不因此就应认为幢本身是石刻的一种。马衡先生对这点是区别得很清楚的，他文中的小标题就写明“建筑物附刻”“造像记”，也只叙说阙、石柱、石井栏、桥梁、塔等等的文字铭刻，而不把它们本身作为石刻的一种。他之没有把幢区别开来，其错误在于认为幢是像碑一样的，主要部分即是《陀罗尼经》经文。关于这一点，下文还要再议，此处从略了。

中国古代的文字，常常是很简括的，因此对一些名词的定义有时不够精确。以阎文所引的关于幢的解说为例，就可看出来。如《汉书·韩延寿传》注："幢，旌幢也。师古曰：幢，麾也。"《广韵》："幢，幡幢。释名曰：幢幢然也。"[①] 显然这些关于幢的解说就很不一致，又都没有把幢的具体形象说出来。古书既无图，不知幢为何物的人只是去悬想一番，那结果的难以正确是必然的。从前有些考据家不去考查实物，只从文字上考来考去，或广征博引，或肯定某一书某一说，无非是要证明自己主观想象的正确，就不免牵强附会地加上些臆断之词，往往把一个简单问题弄得糊涂复杂起来。这种考证方法在今天的考古学和文物研究工作中，是不应再存在的了。

二、石幢形式的演变

现存的幢都是石头雕成的，又都是分成若干块雕刻好后再垒起来的。它的整体外形大致都是瘦高的柱状物，并用大于柱径的石盘盖分隔成若干段（或层）。一般是在柱状的石块周围雕刻《陀罗尼经》或其他经文，盘盖状石块周围多雕刻垂幔、飘带、花绳等图案，有些石幢上也间杂雕刻佛、菩萨、佛传等题材。

据前引《大日经疏》"幢但以种种杂色丝，幖帜庄严"，《佛学大辞典》"为竿柱高出，以种种丝帛庄严者"，而幢字从巾不从石，并且与旗并提，可见幢最初的原物是在立竿上加丝织物做成的。因此，可以理解石幢上雕刻的垂幔、飘带、花绳等图案，并不是随意雕上去的，它正是以浮雕的形式表示出了原物的形状。根据这个线索去寻找，果然在敦煌千佛洞壁画中看到了那种幢。例如，盛唐时的第 217 窟及中唐时的第 31 窟两例［插图一之①②］，都是在一根直竿上装置了丝织物做成的圆形伞盖状物，每幢都是三层，伞盖周围每隔一定距离就有一根较长的线带。第 31 窟所画的幢，在竿下还有一个简单的木座，可见幢是立在地上的。还有四川广元千佛崖有一个线刻的柱状物，柱顶上也刻出了一个伞盖形状的东西，这应当是一个比较简单的幢［插图一之③］。可惜这个雕

---

① 此处引文系指阎文儒《石幢》一文中的引文。阎文原文为："《汉书》卷七十六《韩延寿传》：'在东郡时试骑士，……驾四马，傅总建幢棨。'（注云：'幢，旌幢也。师古曰：幢，麾也。'）《广韵》江韵：'幢，幢幡。释名曰：幢幢然也。'" 参见《文物》1959 年第 8 期。

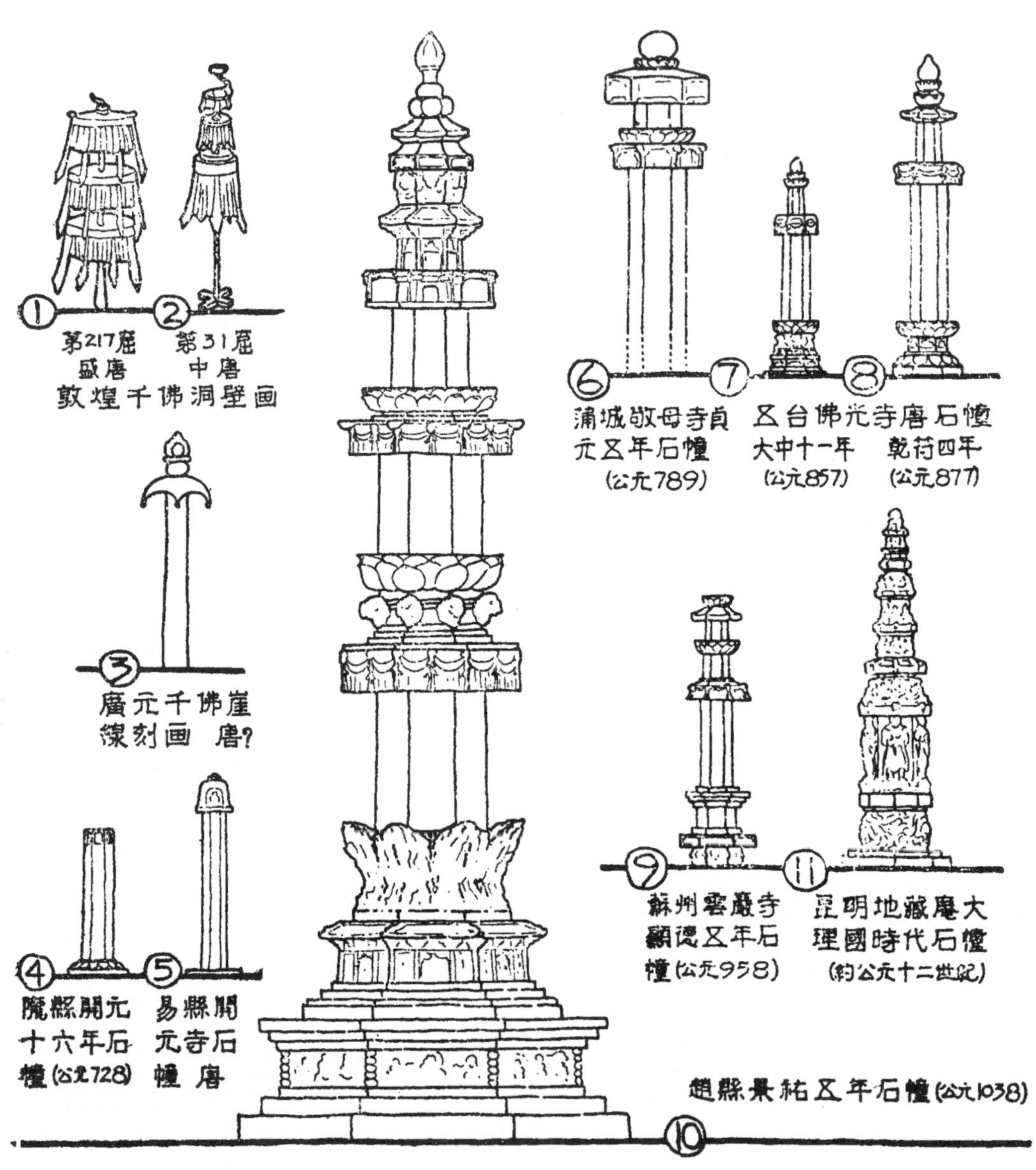

插图一　历代石幢演变图（陈明达绘）

刻的年代难于肯定，仅能作为一个重要的参考品。这些资料足够帮助我们理解石幢形象的来源了。原来它是把那根立竿做成石柱，木做的竿座做成石座，而原来是丝织物做成的伞盖，要用石雕刻替代，就只能在石盘盖的周围浮雕出垂幔、飘带、花绳等图案了。

石幢不像壁画上看到的幢那样玲珑，那正因为它是石雕的缘故。石柱必然要粗，伞盖的水平面积相对要小，才能立得稳。我们看古代的雕刻家是怎样以认真的工作态度，怎样运用高度的智慧，才完成了石幢这一新形式的创造吧！壁画上幢的伞盖是圆形的，而石幢则做成八角形，为的是在八个转角的位置上雕成飘带。两角之间飘带的上端用横的当中向下弯曲的弧形花绳连接着，花绳的下面雕成垂幔。于是，在同样高度的石块上，垂幔和飘带具有不同的垂直长度，这样就正确地、概括地表示出了丝织物伞盖的形象。有些石幢的伞盖还把下缘雕得比上缘大一点，立面成直线或曲线倾斜，更给人以丝织物迎风飘动的感觉。还有些石幢的伞盖转角处雕成凸出的装饰，或者另用一长条石头安放在转角处，使其一端伸出并雕成极华丽的花纹装饰。这也应是幢上原有的物件。敦煌千佛洞第 217 窟壁画中的幢，在最上一层伞盖上就画有两个凸出的东西。

然而这个创作，并不是一次就达到了完满的境界，它经过了一段发展过程。为了述说方便，我选择了八个石幢来说明从唐到宋的发展过程［插图一之④至⑪］。前已说过石幢是分段雕成再垒起来的，因此它们在漫长的岁月中不免有过倒塌，倒塌后或有损毁遗失，又或经人把不同时代的残石幢拼凑垒接起来。所以选择这些石幢时，是把那些有拼凑之嫌的石幢除外，从确认了它们是完整的或较完整的作品中，选择有代表性的作品。现存的石幢以永昌元年（公元 689 年）为最早（原注三），可惜残缺较多，不能说明问题。最早的实物就只得以开元十六年（公元 728 年）石幢作代表了。

陇县开元十六年石幢［插图一之④］，是在一个扁平的像覆莲柱础样的座子上立了一根八角形石柱，上端每面雕一小佛龛，可惜它的顶部遗失了。易县开元寺陈氏幢是一个完整的石幢［插图一之⑤］，按其雕刻风格也是唐代作品，虽然没有确切纪年，它的做法是和开元十六年石幢接近的。可以借助它说明这种简单的石幢，顶部雕成上有宝珠的伞盖形。还有阆中天宝四年（公元 745 年）铁幢，也可作一旁证，它也是在柱顶上铸出一个上有宝珠的伞盖。这都可以证明最初的石幢形象是很简单的，也可以理解当时意图是以一根长石柱代替幢竿，其结果就只能在柱顶雕成一个伞盖，而无法雕出有几重伞盖的形式。

蒲城敬母寺贞元五年（公元 789 年）石幢、佛光寺大中十一年（公元 857 年）石幢及乾符四年（公元 877 年）石幢［插图一之⑥⑦⑧］，可以作为石幢发展新阶段的代表。显然雕刻家不满足于那种初期简单的形象，于是试着分层分段地雕成石柱和石盘盖，然后再垒起来。但是在开始时似乎过于重视幢是以一根长竿为骨干的观念，所以仍雕出一根较长的石柱，上面再垒置一两层石盘盖和短柱，这就成为蒲城敬母寺石幢的形式。可以看到它的上部有点局促，并且头重脚轻不够稳定。于是接着进一步减短下层立柱、加高上层立柱，同时加高石座，这就制造出了像佛光寺的两个石幢那样优美完善的形象［插图二、三］。它既显示出幢的原有意味，又是一个全新的雕刻创作。

但是古代的雕刻家们仍没有就此停止不前，他们还不断地要提高改进。像苏州云岩寺显德五年（公元958年）石幢［插图一之⑨］，就是更进一步提高的尝试。它突破了前期成功的创作的局限，雕出了三段石柱、三层盘盖的形式。从图中不难看到它的形象进一步丰富了，但外表却不够匀称秀丽，需要就这一缺点加以改善，才能成为一个更进一步的完美的新型石幢。这个缺点是用扩大幢座，渐次缩小上部各层石柱、盘盖等处理方法获得改正的。现存最大的石幢，赵县景祐五年（公元1038年）石幢就是这一新形式的代表作［插图一之⑩］。同时这一新形式，大大地为雕刻家开辟了雕刻艺术的园地。在幢座和盘盖周围浮雕出各种佛教故事，上层的短柱几乎全部成了雕刻品。这样，就把本来是以刻经文为主的石幢，客观上改变成了以雕刻为主的装饰性或纪念性的建筑，经文只居于不显著的地位了。

插图二　五台山佛光寺石幢之一（唐大中十一年）

插图三　五台山佛光寺石幢之二（唐乾符四年）

最后，要谈谈昆明地藏庵大理国时代（约公元十二世纪）石幢［插图一之⑪］。这是一个很少见的例证，然而它代表着一种发展的趋势。这个石幢大体上还保留着前期石幢的轮廓，但它全都变成了雕刻，上层各石柱部分竟都做成了圆雕人物，石座束腰部分雕成几条精致的盘龙。虽然在第一层天王像下面那个窄横条石面上刻有经文，但它已是无足轻重的部分了。

现存石幢多是唐、宋时期的，宋代以后所作石幢很少。因此，以上只是谈谈唐、宋石幢的形式并探讨其发展过程。对于证明幢是一个什么样的物件，我认为是足够的了。从敦煌壁画中所看到的那种幢到唐、宋的石幢，它的发展演变是很清楚的。它们和幡、旗是不同的物件，这是实物所证明的。至于“但以种种杂色丝，幖帜庄严”的幢，还有没有呢？古代的实物是没有保存到现在的了，但在喇嘛教寺庙中、在藏族地区，至今还存在着。在喇嘛教寺庙屋顶上还有一种用铜做的幢，那形象更近于在立竿上装置丝织伞盖的幢。

三、幢的用途及造幢的原因

幢是做什么用的，为什么要立幢，在前引各记载中都说得很清楚，即佛教所谓“借表麾群生、制魔众，而于佛前建之”。我以为无须再引证其他典籍了。但是阎文引用了一段《佛顶尊胜陀罗尼经》：“佛告天帝，若人能书写此陀罗尼，安高幢上、或安高山上、或安楼上，乃至安置窣堵坡中。天帝，若有苾刍、刍尼、优婆塞、优婆夷……于幢等上，或见，或于相近，其影映身，或风吹陀罗尼上，幢等上尘（原注四），落在身上。天帝，彼诸众生，所有罪业……恶道之苦皆悉不受，亦不为罪垢染污。”这段经文，很清楚地是说明陀罗尼的具体宗教寓意，也说明了这种陀罗尼可以安置在幢、高山、楼或塔上，而不是说幢的用途。

但是阎文根据这段经文就认为：“因为唐时密宗的修道法，提出念《陀罗尼经》可以解脱一切罪恶……这样就促使佛教信徒们开始造幢或造塔。”倘使说这是改用石造幢的原因，还可以勉强说通，而竟说这是造幢造塔的原因，并且说成这样才开始造幢造塔，很显然是过于牵强附会了。经中既说可安于幢上或其他建筑物上，可见陀罗尼和安置它的建筑物是两回事，是利用已有的较高的建筑安置它，这是很明显的。何况如阎同志所说“译出《佛顶尊胜陀罗尼经》的年月，最早应是永淳二年（公元683年）”，而现存的塔如嵩岳寺塔是建于北魏正光四年（公元523年），无论如何也不会是译出了《陀罗尼经》后才开始造塔的。

那么“为什么又改用石幢呢”？阎文说：“一是根据中国从汉代起在亭四角屋上或寺门旁安置的桓表（华表）形象，一是仿塔的形制而简单一些。”我认为这种说法也是不符合事实的。从汉画像石上看到的桓表，到现在天安门前清代所作的华表，其演变过程是十分清楚的。那是由在一根木柱上端贯穿两根十字交叉的横木，最后演变成在一根石柱的上端贯穿一块雕成云形的石板。至于塔的形象如何，是无人不知的。北京城内外就有辽代的天宁寺塔、元代的白塔寺塔、明代的八里庄塔以及北海琼岛上清代的白塔等等。无论哪一时代的桓表或塔，和前节图中所举各幢相较都是截然不同的。怎能避开事实，只凭主观想象作出论断呢?

现存石幢及金石书中记载的幢，均无早过唐代的。在没有新证据前，可以暂定石幢创始于唐代。并且由唐代壁画中所画的幢，可以大致推断它本来的形状。至于为什么改用石幢，是暂时还不能完全肯定的问题。倘使一定要提出一个设想，我以为可以说一是为了持久，请看佛前的供器中如花、香炉、灯、烛、果等，不都是有用石雕成的吗？二是自从译出了《陀罗尼经》后，就有了把它安置在幢上的举动。最初也可能把陀罗尼写在幢的伞盖上，又因为我国向有刻碑记的传统，后来就发展为用石造幢，以便刻经。这个推测，似乎较现实一些。

四、如何看待石幢

石幢绝大多数是刻有《陀罗尼经》的，少数石幢则刻《心经》《弥勒上生经》《父母恩重经》和《大佛顶首楞严经》，只是个别的石幢刻《道德经》，所以可以肯定石幢是佛教的产物。而石幢上雕刻佛、菩萨、佛传等浮雕，也都是同一性质的题材。

我们今天研究石幢、保护石幢（研究、保护其他文物，也同此道理），不是在于它的宗教内容，而主要是在于它是古代劳动人民、雕刻家所创造的艺术品。它具有如下的意义：

在现存石幢中，我们看到了各种形象优美、比例匀称的形体以及把各种精致的浮雕组织成整体的优良范例。它们随处显示出古代雕刻家的创作才能，是我国雕刻艺术宝贵遗产的一部分，是研究雕刻、建筑发展史不可缺少的一项实物。由前述石幢发展过程中，我们看到了古代雕刻家怎样依据原来用立竿、伞盖做成的幢，以概括的方式创造出了完全新型的石幢。这很可以启发我们去认识那些雕刻家在旧有的东西上继承了什么，发展了什么。他们并不是单纯地去模仿、抄袭旧有的东西，所以才创造出了新的东西。

在石幢的发展过程中，最主要的是我们还看到了古代雕刻家如何在逐步改进提高的过程中，把一个完全是宗教内容的石幢创造成了一件优秀的雕刻品和装饰性或纪念性的建筑物。这一形式是今天仍可借鉴的。在那个时代中，人们不可能完全摆脱宗教加于他们的束缚，这不是他们的过错。但是他们曾经自觉地或不自觉地超越了宗教的意义，反映出了人民的思想，逐步强调了雕刻艺术的地位。这就是在石幢上体现出的古代艺术中人民性的一面，也是最重要的一面，是研究古代文物不可忽视的要点。

作者原注

一、阎文原句读为“驾四马，傅总建幢棨”。按《汉书》卷七十六原文下注：“晋灼曰：傅，着也。总，以缇缯饰镳鑣也。建，立也。幢，旌幢也。”所以应句读为“驾四马，傅总，建幢棨”。

二、见《考古通讯》1956年第1期。

三、《陕西所见的唐代经幢》，《文物》1959年第8期。

四、原引文作“……或风吹陀罗尼上（疑多一“上”字）幢等上尘……”。参照原经文前句，应句读为“……或风吹陀罗尼上，幢等上尘……”，这样也就不是多一“上”字了。

（原载《文物》1960年第2期，本卷选用时据作者批注略有删改）

巩县石窟寺的雕凿年代及特点[①]

巩县石窟寺在巩县孝义镇东北9公里洛水北岸[②]，由此往西距离现在洛阳旧城52公里［插图一、二］。此处共保存着五个石窟、三尊摩崖大像、一个千佛龛及三百二十八个小龛，其中四个窟及摩崖大像是北魏雕刻。虽然占窟内主要位置的佛、菩萨像多被盗凿残损，但是窟内的礼佛图，平棊、藻井上雕刻的飞天、图案花纹，壁脚、中心柱座上雕刻的伎乐、神王、异兽等都还保存得较完整。其中很多精美的雕刻、罕见的题材有较高的艺术价值和史料价值，是研究北魏雕刻艺术史的重要实物，也是研究北魏服饰、乐器、神话故事的重要资料。千佛龛及小龛绝大部分是北魏以后所作，而以唐代雕刻为最多，在构图布局上有一些小巧玲珑的作品，也都是研究唐代雕刻艺术的重要参考资料。

这些窟龛分为东、中、西三区。西区两窟与东区三窟之间，是一段长约27米的山坡，1977年清除坡脚积土，发现北齐小龛四十个，今称为中区。[③]按《巩县志》［经川图书馆，民国二十六年（1937年）刊］“石窟寺石刻丛存”所录造像中，有后坑崖十九则，其中十七则有北齐年号，多在此区小龛旁。所以，此区即县志所称的后坑。这为我们研究外崖原状和北齐、唐代小龛，提供了一个新的依据。又据《巩县志》著录中所谓西一窟、西二窟、东一窟、东二窟，核对现存题记，可以确定就是现在编号的第1、2、4、5等窟。第3窟外崖因无小龛，故未见著录。这似乎也可以证明大窟并无崩塌。

现存窟龛中，千佛龛及其他小龛既是北魏以后在原有雕刻上或外崖所增刻，所以石窟的主要部分应是北魏开凿的五个窟和三个摩崖大像（其中第2窟是个未经雕刻即废弃的窟）。北魏于太和十八年（公元494年）迁都洛阳，继云冈之后在龙门开凿石窟，是

① 本篇据作者正式出版的前后两个文本和生前批注修订。详情见文后“整理说明”。

② 巩县孝义镇，按新的行政区划，今称巩义市孝义街道。

③ 本文首刊于1963年，此段为二十世纪八十年代之修订文字。

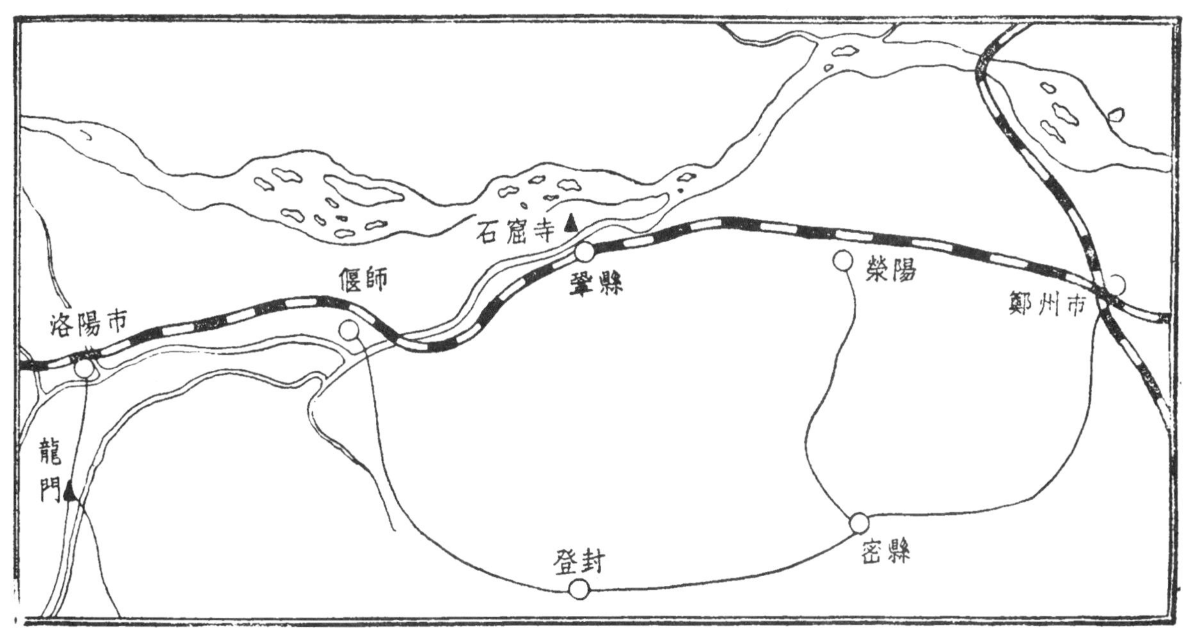

插图一　巩县石窟寺位置图

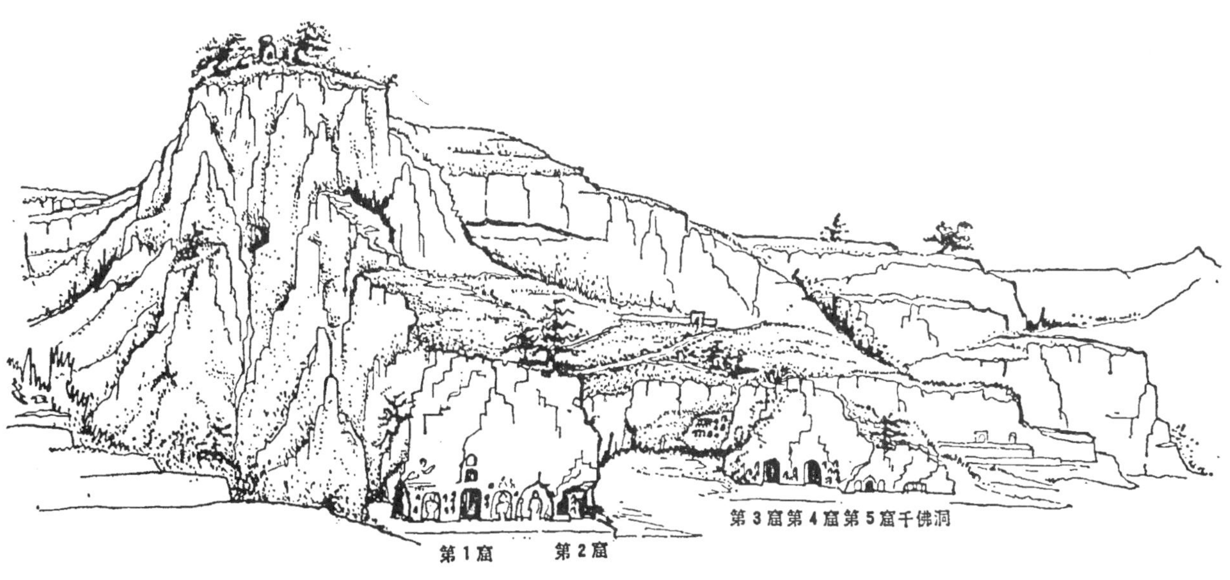

插图二　巩县石窟寺全景示意图

见于历史记载、为人所熟知的。当时洛阳城约在今洛阳旧城东 8 公里，所以龙门距离它是 20 公里，而巩县石窟寺距离它是 44 公里，可见两处石窟和北魏洛阳城的关系都是密切的。营建石窟寺不见于史书，而按之窟内帝后礼佛图浮雕，足证它与北魏帝王有直接的关系。因此，为什么在城南龙门大规模开凿石窟之时，又在城东另一地点开凿石窟，是什么时候开凿的，都成为引人注意的问题了。

关于建寺的最早记载，要算是第 4 窟外第 119 号龛下所刻的《后魏孝文帝故希玄寺碑》[插图三、四（初版图版 190，初版石刻录第 63 条、再版石刻录第 72 条）[①]]。此碑刻于唐龙朔年间（公元 661—663 年），前距魏孝文帝（公元 471—499 年在位）不及二百年。碑文中所谓"……昔魏孝文帝发迹金山，途遥玉塞，弯柘弧而望月，控骥马以追风，电转伊瀍，云飞巩洛，爰止斯地，创建伽蓝……"，虽然只说创建伽蓝，未说造窟，但是应当是有所依据的。至少在孝文帝时，此处已建筑了希玄寺是可信的。造窟的记载最早见于明弘治重修石窟寺碑记[插图五（初版石刻录第 158 条、再版石刻录第 195 条）]："……自后魏宣帝景明之间（公元 500—503 年）凿石为窟，刻佛千万像，世无能烛其数者……"可惜碑文中没有说明这个说法的来由。

至于寺名的改易，历代碑刻有载。根据贞元十八年（公元 802 年）《唐故禅大德演公塔铭》（初版石刻录第 134 条、再版石刻录第 163 条）"……欻思振锡，步及于巩县净土寺……"，中和二年（公元 882 年）《唐净土寺毗沙门天王碑》（初版石刻录第 143 条、再版石刻录第 172 条）题额，长兴三年（公元 932 年）尊胜幢铭文（初版石刻录第 144 条、再版石刻录第 180 条）"惟大唐国洛京河南府巩县净土寺……"，均可证明在唐代即已改名为净土寺。嗣后，宋代有绍圣三年（公元 1096 年）《巩县大力山十方净土寺住持宝月大师碑铭》[插图六（初版石刻录第 149 条、再版石刻录第 185 条）]，明代有弘治七年（公元 1494 年）《重修大力山石窟十方净土禅寺记》（初版石刻录第 158 条、再版石刻录第 194 条），由此可见，寺名历宋至明均未改易。现在通称为石窟寺，或即是大力山石窟十方净土禅寺的简称。

---

① 初版《巩县石窟寺》辑录"巩县石窟寺石刻录"凡 201 条，其中历代碑铭拓本计 76 种；1989 年再版《巩县石窟寺》，由贾峨、张建中等修订为 242 条，编号拓片 56 种。本文简称前者为"初版石刻录"，后者为"再版石刻录"。

插图三　第 4 窟外第 119 号龛

插图四　《后魏孝文帝故希玄寺碑》(原碑 36 厘米 ×94 厘米)

插图五 《重修大力山石窟十方净土禅寺记》(原碑250厘米×82厘米)

插图六 《巩县大力山十方净土寺住持宝月大师碑铭》(原碑195厘米×92厘米)

一

石窟寺北魏雕像，大都是面貌方圆，表情宁静［插图七、八（初版图版 13、35）］。佛、菩萨像与供养人像具有相同的风格，仅在飞天中间有长面高鼻，或眼眶深陷眼球凸起、或颧骨较高的脸型。常见于太和前后的迎风倾立、衣角翻飞、飘然欲动的形态以及一度盛行于太和晚期的所谓“秀骨清像”的风格，在这里都看不到了。力求对称布局，平行线的衣纹，在这里表现得不是那么认真，并且多是力求简化的衣纹，以至有些雕像简化到只是轮廓和一二条主要线条而没有细部雕饰的程度［插图九至一二（初版图版 34、138、209、264）］。但是，它们还保持着古典的高度概括手法，仍着重线条和图案化的趣味，并且仍然是以平雕的技法来表达的。因此它们既保持着浓重的北魏风趣，又孕育着北齐、隋代雕刻艺术的萌芽。这些雕刻，是由北魏风格发展到唐代风格的过渡阶段的主

插图七　第 1 窟外东侧大佛及胁侍

插图八　第 1 窟东壁第 1 龛内维摩诘像

插图九 第1窟东壁第1龛内比丘

插图一〇 第3窟北壁主龛

插图一一 第4窟南壁东部礼佛图第三层(部分)

插图一二 第4窟中心柱东面下层佛龛内左胁侍菩萨

要作品。这种风格的雕刻虽然也见于龙门第 14 窟、魏字洞、石窟寺洞及慈香洞等窟中，但是没有这样显著。而由于龙门第 14 窟、魏字洞内均有孝昌前后铭记，如慈香洞作于神龟三年（公元 520 年），石窟寺洞作于孝昌三年（公元 527 年），则可借以证明巩县石窟寺诸窟的开凿年代，大概也是在神龟至孝昌年间（公元 518—527 年）。

但是，除第 2 窟外，四个石窟在相互比较下，还是有一些年代先后的差别。第 1、3、4 等窟的雕刻风格大体一致，但在雕刻的精粗上，却有显著的区别。其中第 1 窟雕刻最精细，第 4 窟次之，第 3 窟又次之，尤以第 3 窟的伎乐人像、礼佛图浮雕为三个窟中最粗糙的雕刻。还可以看到，这种差别恰巧又是和各窟的规模相适应的。第 1 窟规模最大。第 3 窟平面尺度虽略大于第 4 窟，但第 4 窟较高，窟内礼佛图分四层排列，中心柱上雕佛龛二层等，布局场面远较第 3 窟宏伟。这些现象，显然和雕刻题材内容或技法是没有关系的。所以，我们不能不联想到这可能是由于政治、经济变化，影响了雕刻工作的进行。这正是北魏末年统治阶级内部矛盾尖锐化、经济遭到严重破坏的情况的反映。它们不但进一步证明了石窟开凿的年代，而且还可借此分辨出这三个石窟开凿的前后次序。

第 5 窟雕刻的情况较以上三窟又复杂一些。它的藻井、莲花、飞天雕刻精美，构图完善［插图一三（初版图版 343）］，决不逊于其他各窟；而东西壁佛龛两侧的飞天、南壁的两立佛［插图一四、一五（初版图版 317、318）］，雕刻就较粗糙，与藻井的精巧有显著的差别。北壁主龛龛楣、佛、菩萨像及东西壁龛下比丘供养像，雕刻更加草率，尤其主龛佛像的衣纹，好像是尚未完成。除了藻井以外的其他雕刻，可说是四个窟中最草率的作品。因此，

插图一三　第 5 窟藻井全景

插图一四　第 5 窟南壁东部立佛

插图一五　第 5 窟南壁西部立佛

插图一六　第 2 窟东壁东魏佛龛

第 5 窟的藻井雕刻年代与前三窟的略相近，而其他部分雕刻的年代似乎晚于前三窟，并且是在不同年代中陆续雕刻完成的。

第 2 窟是一个仅开凿出窟形后即废弃的窟，后来在里面雕刻了一些小龛。其中东壁上有一个年代较早的龛［插图一六（初版图版 111，再版图版 96、97）］，按其位置说显然不是开凿时的原作。根据其他小龛雕刻情况，它应当是北魏以后的作品，而据其雕刻风格又不应晚至北齐，所以很可能是东魏时的作品。此龛内雕一佛二菩萨像，佛座上浮雕双狮。这是石窟寺全部小龛中雕刻最精致优美的龛。双狮的风格和龙门北魏末期雕刻几乎没有分别。一佛二菩萨像的风格，则无论在龙门或石窟寺其他窟龛中都是孤例，而与麦积山第 12 窟胁侍像的脸型是很近似的。佛像前下垂至座下的衣襟，处理成横向弧形纹，是这个雕像最引人注意的部分，也是这个雕像的重要之处。它为判定龙门药方洞主像作于北齐提供了一个有力的旁证，也是唐代最常用的坐像衣纹处理方式的最早的萌芽。

二

石窟寺外崖崖面，因为在北魏以后凿了许多小龛，所以显得有些零乱。但是若区别开那些小龛，就可以辨认出外崖崖面原来是整齐的，有一定计划的。尤其第1窟的外崖布局，是北魏石窟中少见的例证。

第1窟窟门外东西各有一摩崖金刚力士龛［插图一七、一八（再版图版31、34）］，金刚像高3.4米左右，略与窟门高低相等。这是和龙门宾阳洞大致相同的布局［实测图7（初版实测图3）］①。在东面金刚之东，有一佛一菩萨立像，立像高达5.3米。由于这组雕像的外缘还保存一部分尖拱形佛龛的轮廓，可以肯定这本来是一佛二菩萨像的摩崖大

插图一七　第1窟西侧外景

插图一八　第1窟外东侧菩萨及力士像

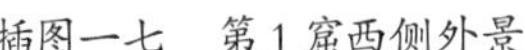

① 初版《巩县石窟寺》含实测图28幅，本文称“初版实测图”；再版时定稿为实测图40幅。本卷以再版图稿为准，与初版相同者注明。

龛，而其东侧的菩萨像已经损毁了［插图一九、二〇（再版图版 2、30）］。在西面金刚之西，也有一尊菩萨像，和东面大龛的菩萨像约略同高，面向西。在它的背侧也隐约可看到与东面大龛同样的龛缘。因此，可以断定此处原来也是一佛二菩萨的摩崖大龛，是与东面对称排列的。另外，在西面金刚的上方，还残存着四个雕像，分为上下三排［插图二一（初版图版 4、再版图版 32）］。其上又有一段卷草纹图案边饰，更上还可看出一个模糊不清的飞天。显然它们原来是连接着摩崖大龛和窟门上明窗的，是外崖崖面构图中所不可少的部分。

如上所述第 1 窟外崖面雕刻，正与龙门宾阳洞内南北两壁的构图相似。宾阳洞内正面是坐佛五尊，南北壁是立佛三尊，而南北三尊与正面本尊之间上方三角形空间，也正是用成排的雕像填补起来的。这两处石窟采用相似的布局，似不是偶然的巧合。它既可说明窟外摩崖造像与窟本身是不可分割的整体，又说明两处石窟采用的是同一个题材内

插图一九　第 1 窟外壁东侧大佛像

插图二〇　巩县石窟寺外景

插图二一　第1窟外西上方残存飞天及弟子像

容——三世佛。而石窟寺第1窟，是北魏常见的老题材的一种新布局形式。

总之，第1窟外崖原来是一个极宏伟的场面，是在窟门左右各排列金刚和立佛三尊，并以图案边饰、弟子、菩萨、飞天联系起来的整体布局。可惜经过千余年来风化剥蚀及后代开凿小龛的破坏，原来的规模残缺不全了。这种布局形式，还可以上溯到云冈第19窟。所不同的是，云冈第19窟是在主窟之外另凿两个小窟，此窟则是在主窟外雕两个大摩崖龛，因而形成一个全新的形式。这一新形式的创造，我认为很可能是受了崖层的局限。这里崖层既薄，地势又狭窄，既不能开凿大窟，如宾阳洞那样容纳全部题材，又不能另凿小窟，如云冈第19窟那样全部题材分别布置于三窟内，于是就创造出了这个新的形式。它在现存北魏石窟中是时代较早的摩崖大佛，而后来盛行于唐代的摩崖大佛，很可能就渊源于此。

第2窟在第1窟东面摩崖大龛之东，两窟并列。就其形势看，很可能原来计划是要开凿双窟的，嗣后由于改变了双窟的计划，在初具窟形时便停工了。

第5窟外壁保存较完整，门外两侧各雕一金刚，还清晰可见［插图二二、二三，实测图34（初版实测图26）］。门上雕尖拱形门楣，楣面上作忍冬纹图案，亦尚可辨认。显然这是龙门宾阳洞外形的简化和缩小。

第3窟、第4窟是并列的两窟［实测图19（初版实测图26）］，第3窟在西，第4窟在东，它们的大小相差很少。第3窟外崖及第4窟外崖西部，损坏相当严重，很难找出原来的迹象。第4窟窟门东侧，保存着一个高约3米的金刚像［插图二四（再版图版141）］。紧贴此像东面的崖壁向南凸出，因此可以肯定金刚像之东不可能再布置其他雕刻。看来这两窟的外观很可能和第5窟是一样的，即在窟门上有一个尖拱形的门楣，门

插图二二　第5窟外西侧残存金刚力士像及部分小龛

插图二三　第5窟外东侧金刚力士像及部分小龛

插图二四　第4窟外东侧力士像局部

两侧各立一尊金刚。第3窟、第4窟间崖面的宽度，也正好够排列两个金刚的位置。由于两窟并列，相邻很近，很可能它们也是双窟。

如上所述，就外观形式论，可以说第1窟是龙门宾阳洞的继续发展，第3、4、5窟则是就宾阳洞形式简化的结果。而后者也正是龙门北魏末期诸小窟龛所普遍采用的形式。由此我们可以看到一个普遍的现象，即石窟窟门外的雕像布置，在北魏末期已经逐步形成了一种固定的形式，并且深刻地影响着此后石窟的外观。如天龙山、响堂山、北齐及隋代诸石窟，显然都是这一形式的继续发展。甚至晚到唐代开元、天宝年间所作的一些方形石塔，塔门的外观布局也与这一形式有很密切的关系。

三

各窟内部平面均近于正方形。第1、3、4窟是有中心柱的窟，第2窟虽未完成，也可看出已经雕凿出中心柱的雏形，可见采用中心柱是巩县石窟寺的特点之一。尤其因为龙门石窟全都没有中心柱，这一形式就更使人感到突出。关于我国石窟的形式，曾有一种论断：窟形是由穹庐形发展到方形。虽然这一论断与巩县石窟寺的时代也能吻合，但是仍然令人感到从龙门到巩县石窟寺的转变，来得很突然。显然这是另有其他原因的。

就石窟的平面说，也曾有人从形式上分为佛殿、塔庙及僧房三种类型。这本来是印度佛教石窟中由三种不同性质用途所产生的形式，和我国石窟的实际功能并不能完全相符。如僧房本是和尚禅定、修行之所，仅敦煌莫高窟中有第285窟及第267～271窟，在形式上有点像僧房，实际上是不是为禅定、修行而作，还是尚待证实的问题。塔庙是在窟内作支提以为供养礼拜的主要对象，如云冈的第1、2、21窟和东谷中某小窟共四个窟中的塔柱，可以称之为支提，但是也很难说它和印度的支提窟具有同一意义。从形式看，如云冈第6、11窟和敦煌等有中心柱的魏窟以及石窟寺诸窟的中心柱，都是方形柱，既非支提的形象，实际上也只是利用方柱的各面开凿佛龛，与印度的支提大不相同。所以就主要功能说，我国所有的石窟都是佛殿的性质。在各处石窟中，不论有无中心柱，以及有较深的龛室如敦煌第285窟的形式，都是能够适应这种功能要求的。巩县石窟寺诸窟，也正是为供养佛像所作的佛殿。它较普遍地采用方形中心柱窟形，既不是由穹庐形发展到方形的必然结果，也不是当时的造窟主指定必须开凿支提窟的形式。所以尽管石窟寺第 1 窟与龙门宾阳洞具有同样的题材内容，而前者是方形有中心柱的，后者是穹庐形无中心柱的，就足以证明窟形与题材内容并无绝对的联系。

如上所述，又可见窟形的选择决定，并不完全受题材内容的局限，而是同时也受其他条件的制约。在巩县石窟寺则可以看出石窟寺所在的崖层，实在是决定窟形的客观因素之一。这里的崖层断裂纹甚多，如开凿较大的石窟，其顶部是极易崩塌的，所以不得不在窟中心留下一根中心柱。第 5 窟因为面积较小，只有约 3.22 米见方，才采取了不用中心柱的窟形。即使如此，现在仍可看到这个窟的顶部纵横裂纹甚多，并且已经崩塌了一大块。从这些情况，一方面可以看出当时开凿的匠师对于崖层性能有较深的理解；另一方面则应当看到当时开窟，实在是尽可能不采用中心柱窟形的，因为没有中心柱的窟在布局处理上要更好些。

当然，这里所说，并不排斥石窟内容是决定窟形的另一个主要因素。云冈昙曜五窟采用穹庐形的窟形，以及略晚于它开凿的第 7、8 窟采用方形窟形，都是由雕刻的内容决定的。但是另一方面，客观条件也同时影响着窟形的选择，所以云冈的方形窟或采用中心柱，或采用前后室；龙门不论方形或穹庐形窟，既不用中心柱也不分前后室；敦煌较大的魏窟绝大部分是方形有中心柱的，并且普遍使用不见于他处的人字坡，实在又是受了当时客观条件的局限。

四

这里的雕刻题材，如千佛、释迦多宝、维摩、文殊等，仍是北魏石窟中常见的题材。但是礼佛图、神王、异兽等浮雕，却是其他石窟中所不多见的。在四个石窟中，除第 5 窟外均有礼佛图，而以第 1 窟保存较为完整，其中可以看到戴通天冠、执羽葆的帝后像［插图二五、二六（再版图版 4、38）］。由于三个窟中礼佛图的位置、形象完全相似［插图二七、二八（再版图版 13、103）］，可以断定它们都是帝后礼佛图。

插图二五　第1窟南壁西侧上中层礼佛图

插图二六　第1窟南壁东侧礼佛图全景

这种供养行列在云冈第7、8、9、10诸窟中，尚存遗迹。据碑记，其中有“拓国王骑从”（原注一），可见帝后供养像在早期石窟中便已有之，其位置则在窟两侧壁脚，可惜均因风化过甚，现已无从得知其详细内容。在这以后的龙门宾阳洞，则把帝后礼佛像放在窟内南壁门两侧，使它的地位大为突出，不似云冈局促于壁脚。

巩县石窟寺礼佛图的位置、布局，显然是取法于龙门宾阳洞的，并且进一步加以扩展，大大增加了帝后随从的行列，因而不得不把它分成三或四层排列。希玄寺碑已明确指出伽蓝是北魏孝文帝所创建，这一题材又明确地指出石窟的造窟主应当是帝王，也是符合于北魏的传统习惯，是无可怀疑的。这就使我们有可能探索这些窟是为何代帝后所作，以进一步确定它们开凿的年代了。

云冈最早的昙曜五窟是为太祖以下五帝所作，龙门宾阳三洞是奉世宗之命为高祖、文昭皇后及世宗所造，均载于史籍；此后文献中再无为帝后造窟之记载。曾有人推测龙门火烧洞、莲花洞等窟或系帝后所造，而此等石窟雕刻零乱，缺乏如宾阳洞那种全面的构图形式。据其造像记，又可推知系当时的信士仅于窟内各造一像一龛拼凑而成，显然不可能是世宗以后诸帝后所造。所以，如果世宗以后诸帝仍造有石窟，那就只能在龙门以外的地区去寻找了。巩县石窟寺距洛阳不远，而各窟帝后礼佛图的存在以及窟内外雕刻构图的完整，与云冈及龙门宾阳洞相比较，大致可以说明，石窟寺诸窟为世宗以后诸帝后所造。

插图二七　第3窟南壁西侧中层礼佛图局部

在壁脚雕刻神王，始见于龙门宾阳洞。而在石窟寺各窟中，类似的题材在壁脚或中心柱座上，其数量及内容还比龙门更为丰富。按其形象可以将其区分为伎乐供养人、地神、神王及异兽四类。

在佛座下从地涌出的地神，是常见于佛降魔成道的场面中的，随后它逐渐变成了承托着佛座的力神的形象，在这里又往往是和其他伎乐、神王排列在一起，以致很易混淆。伎乐天（或音乐天）也是最早习见的题材之一，但在云冈，伎乐天的位置都是在窟上端与窟顶相近之处，而在这里则排列在壁脚或中心柱座上，成为一种新的布局形式。

插图二八　第3窟南壁西侧礼佛图

属于神王一类的题材，首先见于龙门。在宾阳洞礼佛图下壁脚上雕了十个神王像。它们的名称则见于东魏武定元年骆子宽等七十人造像石上（原注二），但其来历尚待探索。石窟寺诸窟所雕虽大部分能与上述两处神王相符，但形象上又增加了兔首、牛首、马首等神像及双面人像等，总数也超出了十神王之数。这与敦煌北魏诸窟壁脚所画神王像十分相似。有可能此等神像中，掺杂有十二宫、二十八宿等神像，如兔首是尾宿、牛首是心宿、马首是亢宿，双面人像可能是十二宫中的阴阳宫。是否如此，尚待研究。

各窟中的异兽题材，在敦煌第285窟及北魏某些墓志上都曾见过。其名称则见于正光三年（公元522年）《冯邕妻元氏墓志》（原注三），惜命名虽殊而形象几无区别，对于了解题材内容帮助不大。而石窟寺各窟所雕异兽形象多样，更超过了元氏墓志。颇疑其形象虽近于元氏墓，但也掺杂了十二宫、二十八宿等神像。以第3窟北壁壁脚所雕为例，自西向东第4躯其像如蝎，可能为蝎宫；第5躯异兽双臂拉弓，可能是弓宫［插图二九（再版图版12）］；第6躯其像如狮，可能是狮子宫［插图三〇（再版图版115）］。

关于这类题材的来历、内容，还有待于专家的研究，这里仅仅提出个人的一点推测。但可以肯定的是，这类题材都出现于北魏迁都洛阳以后，是和推定的各窟时代相符合的；它们的窟内位置、布局、构图，虽然是由龙门宾阳洞发展而来，但这类雕刻和伎乐供养人并列在同一位置上，其含义可能也是佛前供养的性质。

以上是就一些个别的题材而言，如果再就各窟的总体来看，显然每一窟都是有计划布局的，各个雕刻之间存在着一定的联系。这就表明每一窟都具有一个中心内容。石窟寺第1、3、4窟均以千佛为主题，第1窟外壁与窟内相结合，又具有三世佛的意义，从而提示出三佛和千佛应该是有一定的关系的。这种布局近于龙门宾阳洞，而和云冈有较大的差别。常见于云冈的佛传，见于龙门的本生、弥勒及维摩、文殊，在这里没有或很少了，因而就更加突出了主题。

由于北魏对《法华经》有较普遍的信仰，窟中又一再出现最能代表《法华经》的释迦多宝像［插图三一、三二（再版图版46、168）］。这就为了解雕刻内容提供了线索。《法华经》的主要信仰对象为三世佛，如："……过去诸佛，以无量无数方便，种种因缘，譬喻言辞，而为众生演说诸法……未来诸佛当出于世，亦以无量无数方便……演说诸法……现在十方无量百千万亿佛土中诸佛世尊……亦以无量无数方便……而为众生演说诸法……"（原注四）又有十方分身佛，如："……彼佛分身诸佛，在于十方世界说法，尽还集一处……尔时释迦牟尼佛，见所分身佛悉已来集，各各坐于狮子之座……"（原

插图二九　第3窟北壁壁脚异兽（第4、5躯）

插图三〇　第3窟北壁壁脚异兽（第6、7躯）

插图三一　第1窟东壁第2龛全景

插图三二　第4窟中心柱西面下层佛龛释迦多宝像

插图三三　第1窟外东侧大佛像局部

注五）都是在经文中屡见的词句。据此，第1窟外的两大摩崖龛［插图一八、一九、三三（再版图版2、34、35）］、第5窟南壁的两立佛像［插图一四、一五（再版图版182）］，可以理解为过去、未来佛，而第1、3、4窟中的千佛则应为贤劫千佛［插图三四至三六（再版图版7、15、20）］。

其次，《法华经》主要宣传一切众生均能成佛，无论是“诸天龙神，人及非人，香华伎乐，常以供养”，还是“过去诸佛”“未来诸佛”及“现在十方无量百千万亿佛土中诸佛世尊”等等，都能得到“皆已成佛道”的结果（原注六）。因此，诸窟中所雕伎乐是供养佛的，神王异兽也可能就是“诸天龙神”“人及非人”的形象化。帝后礼佛图更是为了供养诸佛，以期得成佛道。至于平棊、藻井上所雕飞天、花纹，又正是表现经文中的“诸天伎乐，百千万神，于虚空中一时俱作，雨众天华”的形象（原注七）。因此，石窟寺中全部雕刻题材，都可以从《法华经》中得到解释。只有第1窟中多了一个维摩、文殊龛［插图三七、三八（再版图版48、47）］，但这也是取之于当时统治阶级所信仰的另一主要佛经《维摩诘经》的。

云冈石窟雕刻多体现现世修行的佛传，龙门石窟出现了体现过去修行的本生以及呵斥小乘、宣扬大乘的《维摩诘经》。而巩县石窟寺则多以全窟雕刻体现《法华经》，可以说是北魏一代宗教信仰的反映。然而，从云冈到石窟寺在宗教信仰上的转变，客观上使雕刻主题由多样复杂到突出一点，这种布局的变化也是很明显的，在研究石窟艺术中是一件值得注目的事情。同时，这三处石窟的开凿时代彼此衔接，从上述说明中也多了一个旁证。

插图三四　第1窟西壁第2龛龛楣雕饰及千佛龛

插图三五　第3窟西壁千佛龛局部

插图三六　第4窟西南角全景

插图三七　第1窟东壁第1龛维摩诘像

插图三八　第1窟东壁第1龛文殊像

五

如上所述，石窟寺诸窟开凿的年代，从雕刻风格、主题内容、窟形等各方面看，我认为在北魏后期开凿的可能性较大。至于它的确切年代，还可以从北魏的历史环境作进一步的探讨。

巩县南据嵩山北麓，北隔洛水控邙山尾间，过此向东便进入华中大平原，北渡洛水、黄河，为当时通晋阳孔道，在形势上是洛阳的咽喉。北魏迁都洛阳后，即在县西北的小平津（原注八）驻有重兵。所以史载太和二十年（公元 496 年）孝文帝“车驾阅武于小平津”（原注九），景明二年（公元 501 年）宣武帝也曾“幸小平津”（原注十），并以都督坐镇，如史书就有赵昶于“孝昌中，起家。拜都督，镇小平津”的记载（原注十一）。这小平津与石窟寺的位置同是在巩县西北，相距应当不远。此处既驻有重兵武将，皇帝也来“巡幸”，则就近觅取适当地点，出资建寺造窟，当然是很自然的事。希玄寺碑文说孝文帝创建伽蓝，又于此多一旁证。又因为这一带由重兵驻守，可能一般百姓不能自由来此礼佛，所以石窟寺成为帝后专用的寺庙，并是按照既定规模计划开凿的。如龙门石窟中由多人出资在窟内各雕一龛一佛的做法，这里是不可能出现的。

北魏自孝明帝以后，统治阶级的内部矛盾极为尖锐，自相残杀连年不绝。明帝死后尔朱荣自晋阳南下，从“河阴之役”开始，连续几次战争都波及巩县西北的小平津或西南的柏谷坞一带。如孝昌中“尔朱荣向洛，灵太后征穆，令屯小平……”（原注十二）；武泰元年（公元 528 年）“群盗烧劫巩县以西、关口以东、公路涧以南，诏武卫将军李神轨为都督，讨平之”（原注十三）；尔朱荣起兵则署平鉴为“参军前锋，从平巩、密”（原注十四）等。北魏末期，又间以起义军，情况更加复杂。如正光末（公元 525 年），“有贼魁元伯生，率数百骑，西自崤、潼，东至巩、洛，屠陷坞壁，所在为患”（原注十五）。其后，东西魏争河南，又在巩县西形成拉锯的局面。例如，大统四年（公元 538 年）“邙山之战，澍攻拔柏谷坞，因即镇之”（原注十六）。大统九年（公元 543 年）东魏高仲密举州来附，西魏文帝率师迎之，令开府李远为前军，“至洛阳，遣开府于谨攻柏谷坞，拔之”（原注十七）。在这些战争期间，要在邻近战场的地区继续雕凿石窟，似乎是不可能的事。因此又可推断，开凿石窟至迟可至孝庄帝时，亦即公元 530 年以前，才是符合历史情况的。现在窟内外，后代增凿小龛及题记的以普泰年（公元531年）一龛为最早，其余均为东魏、北齐、北周及唐代所作，也正是证明了在此以前停止开凿大窟，帝王贵族不再独占此地，一般信士才能至此雕造小龛的。

按《魏书》卷一百一十四《释老志》："……景明初世宗诏大长秋卿白整，准代京灵岩寺石窟，于洛南伊阙山为高祖、文昭皇太后营石窟二所。初建之始，窟顶去地三百一十尺，至正始二年中始出斩山二十三丈。至大长秋卿王质，谓斩山太高，费功难就，奏求下移就平，去地一百尺，南北一百四十尺。永平中，中尹刘腾奏为世宗复造石窟一，凡为三所。从景明元年至正光四年六月以前，用功八十万二千三百六十六……"关于龙门石窟的这段记载，有三个值得注意之点：一、原计划去地三百一十尺，后来因为费功难就，改为去地一百尺；二、原计划为高祖帝后造窟二所，后来又增为世宗造窟一所；三、改变计划是正始二年（公元505年）至正光四年（公元523年），连同下移就平以前斩山，共用工如此之多，但并未说已经完成。

由上述第一点及第三点中得知，龙门石窟所在崖层曾给当时造窟者增加了很大的困难，所费时间远较云冈为久，而完成石窟远较云冈为少。这可能是终于不得不停止在龙门开凿石窟的主因。由第二点及第三点得知所谓造窟三所，即现存的宾阳三洞，是向所公认的了。但还应当注意到三窟仅完成了当中一窟，这可以断定是为高祖孝文帝所造，南北两窟为文昭皇太后及世宗所造者并未完成。至于为世宗以后帝后所造石窟，在龙门就更找不到相当的窟了。虽然也有自此以后不再为帝王造窟的可能，但按北魏一代崇信佛教的情况来看，如《洛阳伽蓝记》所载，洛阳"有寺一千三百七十六所"。其中帝王所立的有高祖孝文帝立报德寺，宣武帝立景明寺、永明寺、瑶光寺，灵太后胡氏立永宁寺、秦太上君寺等，都是极为崇丽的大寺。造窟又是自云冈以来的传统，很少有中止的可能。所以为世宗以后帝后所造的诸窟，实在应求之于龙门以外。若以石窟与洛阳的距离及其规模、内容来衡量，唯有巩县石窟寺才能与之相适应。

《魏书》载帝后"幸"龙门有两次：一次是熙平二年（公元517年）夏四月乙卯，"皇太后幸伊阙石窟寺，即日还宫"。第二次是孝昌二年（公元526年）八月戊寅，"帝幸南石窟寺，即日还宫"（原注十八）。这里所记的太后即灵太后胡氏，本是宣武帝的妃嫔，生孝明帝。宣武帝死时明帝才七岁，封之为皇太妃，随后又改为皇太后，掌握政权前后达八年。熙平二年为其掌握政权的第二年，可能这一年宾阳中洞完工，故“幸”伊阙。如果这个推测不错，则可知宾阳中洞是开始于正始二年，完成于熙平二年，前后经营了十二年。《魏书·释老志》所谓至正光四年，则应当是指熙平以后继续开凿南北两洞的时间，并且很可能正光四年就是宾阳南北两洞在未完成的情况下停工的一年。也正是《释老志》只说至此共费功若干，而不说是否完成的原因。为什么龙门石窟要停工呢？我以为一是费功难就，二是此时已经在巩县觅到新的地点，顺利迅速地开凿成了新窟，才终于决定放弃在龙门继续造窟的企图。

胡氏是最迷信佛教的人。她当政的第一年，即熙平元年，就在城内立永宁寺，寺中九层木浮图，去京师百里已遥见之(原注十九)，在《洛阳伽蓝记》所录诸寺中是最大的寺院之一。因此，假定她建寺的同时就立意为自己造窟是合于情理的。而在她看了龙门宾阳洞后，鉴于龙门崖层费功难就，就另选了巩县这处山崖为造窟之所，也是可能的。大概至正光四年就在巩县完成了第1窟，于是同时就决定完全停止龙门石窟的开凿。更有一点应当注意的是孝昌二年“帝幸南石窟寺”，这个“南”石窟寺按其方位，当然仍是指龙门。熙平二年还称之为“伊阙石窟”，此时忽改称南石窟寺，按古代修史的传统笔法，似乎正暗示出此时巩县石窟寺至少已完成了一窟，以其在洛阳之东，可能曾称为东石窟寺，所以改称伊阙为南石窟寺，以资区别。

综上所述，似乎可以把这五个石窟的雕刻和历史事实联系起来，得出这样的结论：第1窟、第2窟是为宣武帝及灵太后胡氏所造的双窟，约开始于熙平二年。以后因胡氏被幽隔永巷，第2窟即停工成为一个未完的窟，第1窟则完成于正光四年（公元523年）。第3、4窟是为孝明帝后所造的双窟，开始于熙平二年或稍后，完成于孝昌末年（公元527年）。至于第5窟，很可能原是为孝庄帝所造。按之历史，孝昌四年（亦即庄帝永安年）经过一度战事之后，至永安二年（公元529年）曾有一年较平静的时候，继续为孝庄帝在此造窟是很可能的。但由于此时政治、经济的衰落，造窟的规模大为缩小，加以永安二年以后战事复起，在短促的时间内，似乎只完成了窟门和藻井，雕刻便停顿了。此后到孝武帝永熙年间（公元532—534年），又有一二年较平静的时候，很可能又继续雕刻，但仍未能完成。直到公元534年，高欢率兵南渡，北魏孝武帝投奔关中，依附宇文泰，高欢入洛阳，另立元善见为帝，是为东魏孝静帝，从此，魏分为

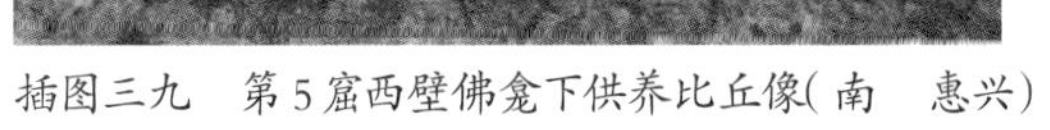

插图三九　第5窟西壁佛龛下供养比丘像（南　惠兴）

插图四〇　第5窟西壁佛龛下供养比丘像（北　惠嵩）

东、西。东魏迁邺以后，北魏统治阶级已离开了这个地区，于是信士们开始在此雕凿小龛，而寺僧也就于此时勉力完成了此窟最后的雕刻，并雕上比丘僧惠兴、惠嵩的供养像［插图三九、四〇（初版图版328、329，再版图版194、195）］。按《巩县志》著录造像记中，东魏造像八则为天平二年（公元535年）二则、三年四则、四年一则、六年一则。按东魏改元天平，共只四年，天平六年实为元象二年（公元539年）。看来，当时石窟寺一带已很冷落，以致改元后已两年，尚不为当地人所知。天平以后即未再有小龛，直到北齐天保二年（公元551年）才又有小龛出现。因此，可以推断第5窟最后雕刻也应不晚于东魏元象二年。

根据以上所述，北魏一代，帝室所营石窟雕刻，自云冈、龙门至巩县石窟寺，年代蝉联，脉络分明。研究北魏雕刻艺术的发展过程，此三处石窟实为最可靠的标准。它们为研究我国石窟雕刻史提供了最重要的实物资料。

作者原注

一、宿白《大金西京武州山重修大石窟寺碑校注》，《北京大学学报》1956年第1期。

二、东魏武定元年（公元543年）“骆子宽等七十人造像”所雕十神王为狮子、龙、象、鸟、山、河、树、火、风、珠。

三、正光三年（公元522年）《冯邕妻元氏墓志》四面怪兽名称为：1. 攫天、乌擭、攫撮、礔电；2. 拓远、挠撮、掣电、欢喜、寿福；3. 啥蝓、回光、捔远、长舌；4. 拓仰、啮石、擭天、发走、挟石。参见赵万里《汉魏南北朝墓志集释》，科学出版社，1956年。

四、鸠摩罗什译《妙法莲华经》卷一《方便品》。

五、鸠摩罗什译《妙法莲华经》卷四《见宝塔品》。

六、鸠摩罗什译《妙法莲华经》卷一《序品》。

七、鸠摩罗什译《妙法莲华经》卷二《譬喻品》。

八、《巩县志》卷二“山川”：“河水东过孟津入巩界为小平津。”又引《己酉志》：“名胜志云小平城濮县废址，在今巩县西北，有河津曰小平津，即城之隅也。”

九、《魏书》卷七《高祖纪》。

十、景明二年春，宣武帝亲政，遵遗诏，太尉咸阳王禧进位太保，并引见群臣告以览政之意。世宗览政，禧意不安。夏，禧遂与李伯尚谋反，“时世宗幸小平津，禧在城西小宅”，事败露，赐死，潜瘗禧于北邙。史见《魏书》卷二十一《咸阳王传》。

十一、《周书》卷三十三《赵昶传》。

十二、《魏书》卷四十四《费于传附子费穆传》。

十三、《魏书》卷九《肃宗纪》。

十四、《北齐书》卷二十八《平鉴传》。

十五、《周书》卷三十六《段永传》。

十六、《周书》卷三十四《杨㩳传》。

十七、《周书》卷二《文帝纪》。

十八、《魏书》卷九《肃宗纪》。

十九、《洛阳伽蓝记》卷一“城内”永宁寺条。

（原载《巩县石窟寺》，文物出版社1963年版，本卷选用时据作者批注略有删改）

实 测 图

说明：1963年之初版《巩县石窟寺》，收录实测图28张，系陈明达指导河南省文化局文物工作队绘制。二十世纪八十年代酝酿此书修订再版之际，又对原图做了仔细的审阅，提出了若干修改意见，并约请杨烈等人参加修改、重绘工作，故1989年版之实测图经修改、补充，定为40张。本卷对照两版内容，认为许多修订并非原图有误，而是随着清理现场等客观变化，现场有了新的发现，而原图也是一段历史的真实记录。因此，本卷仍以初版为底图（图面含若干批注），将修改、新增图稿一并收录，以供读者参照。

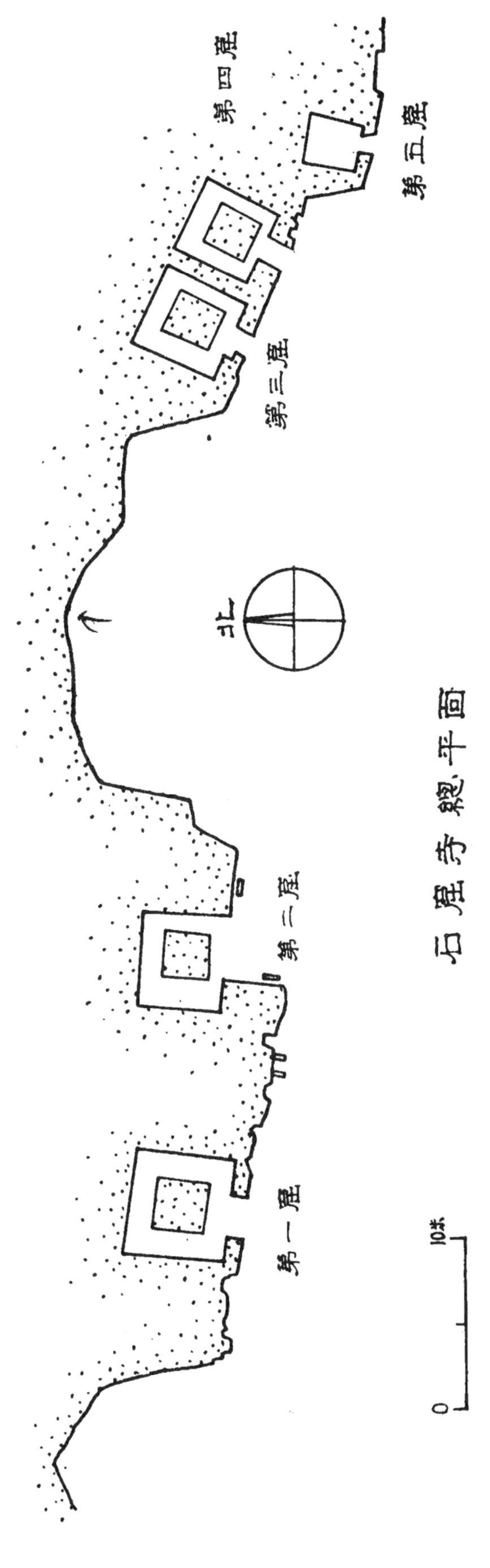

实测图1　石窟寺总平面图（初版图1，时与再版图2、3合为一图）

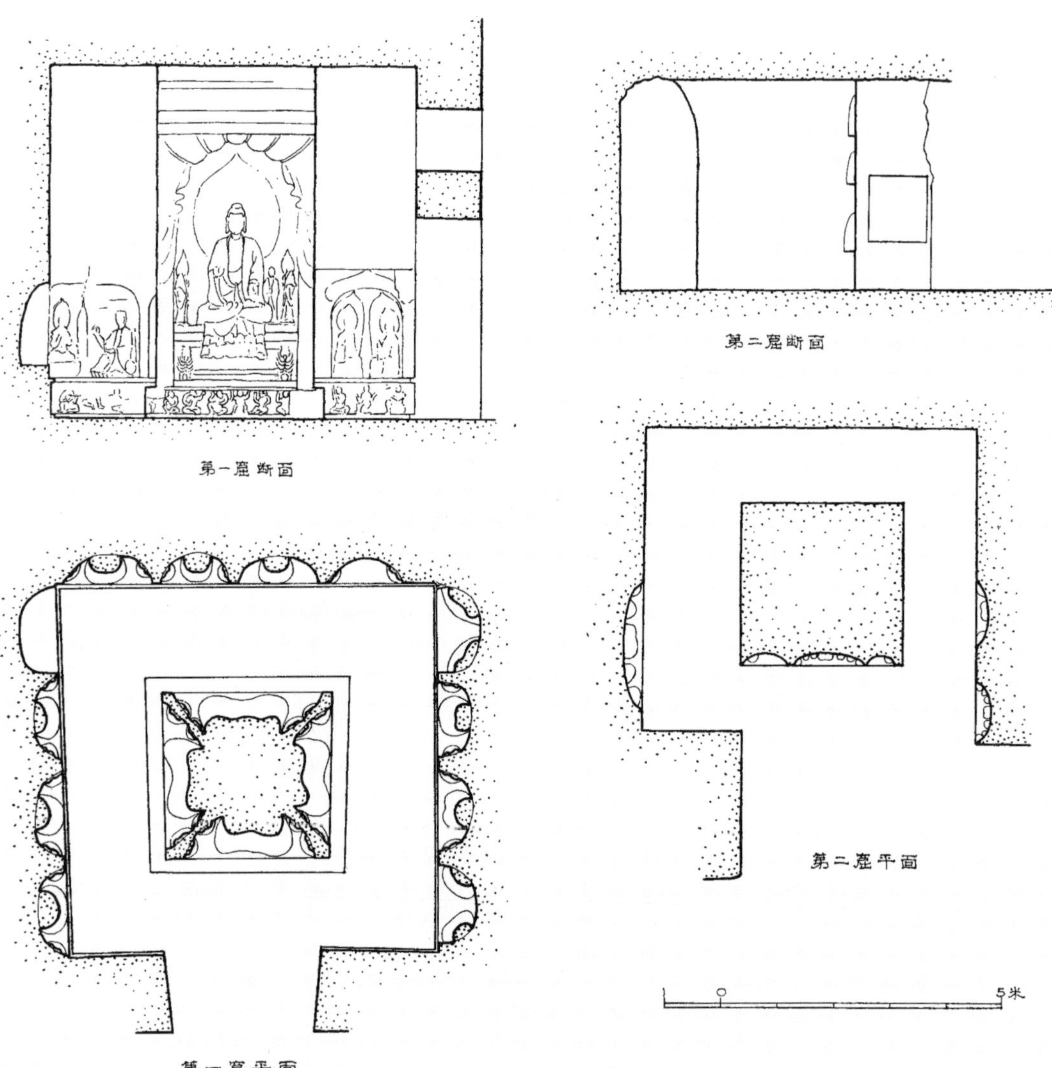

实测图 2　第 1 窟平、断面图（初版图 1）
实测图 3　第 2 窟平、断面图（初版图 1）

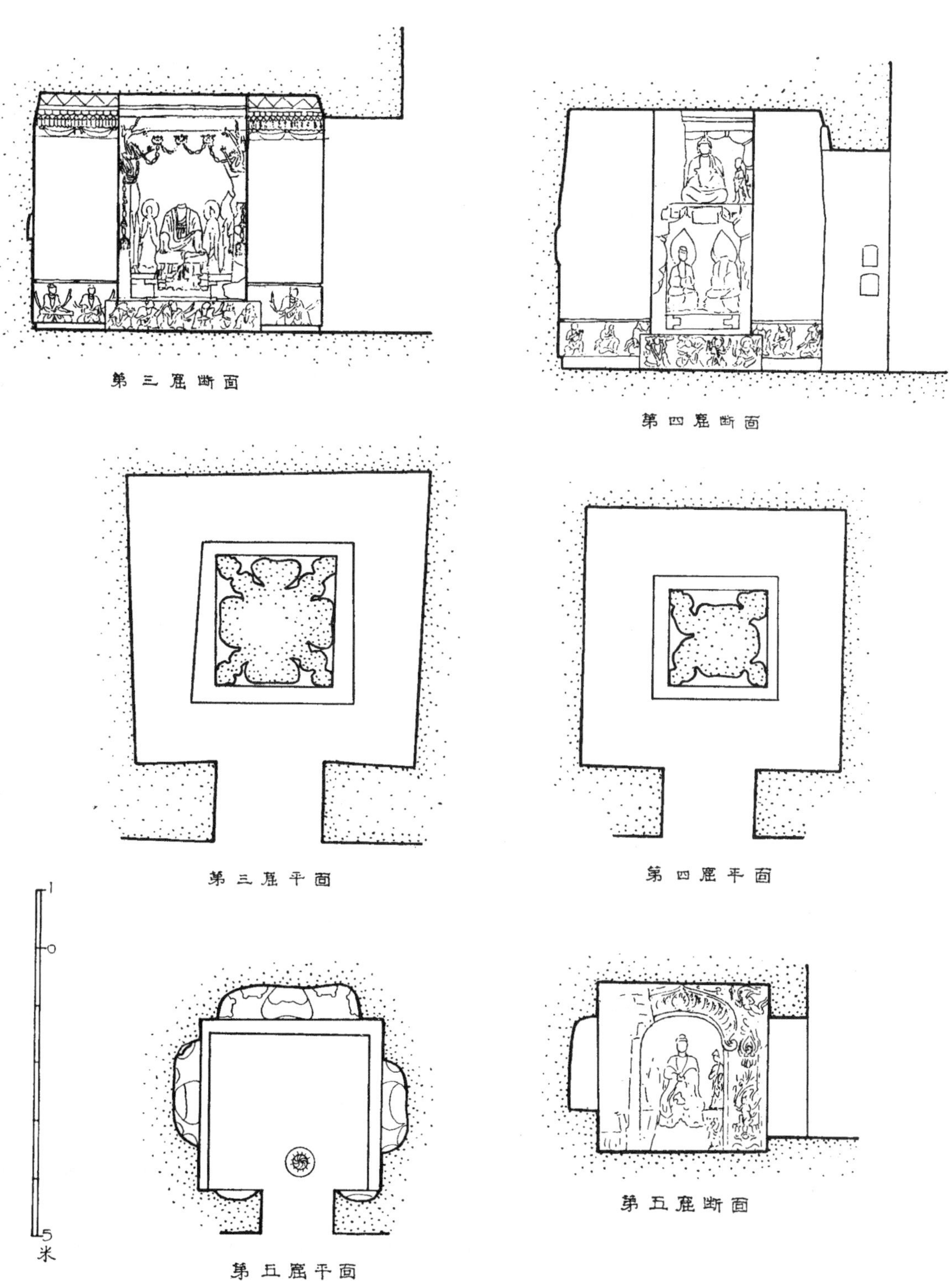

实测图 4　第 3 窟平、断面图（初版图 2，时与再版图 5、6 合为一图）
实测图 5　第 4 窟平、断面图（初版图 2）
实测图 6　第 5 窟平、断面图（初版图 2）

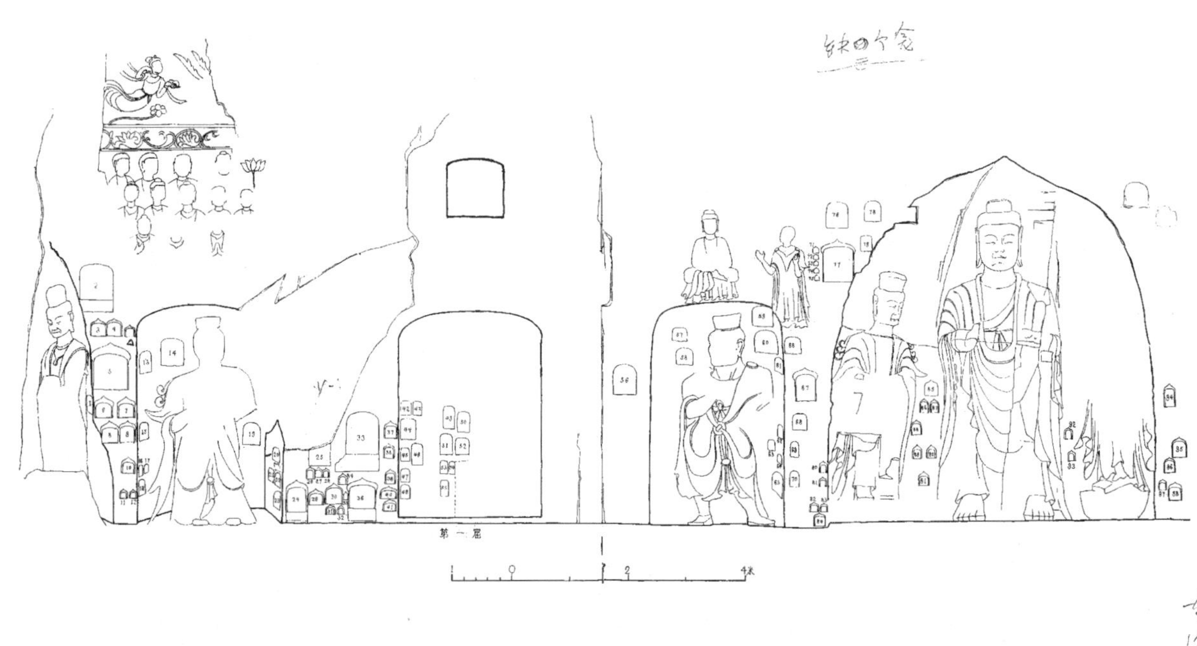

实测图 7a　第 1 窟外壁及外壁小龛图（初版图 3，图面有批注，标示右上方“缺三个龛”，并要求“重绘”）

实测图 7b　第 1 窟外壁及外壁小龛图（修订图）

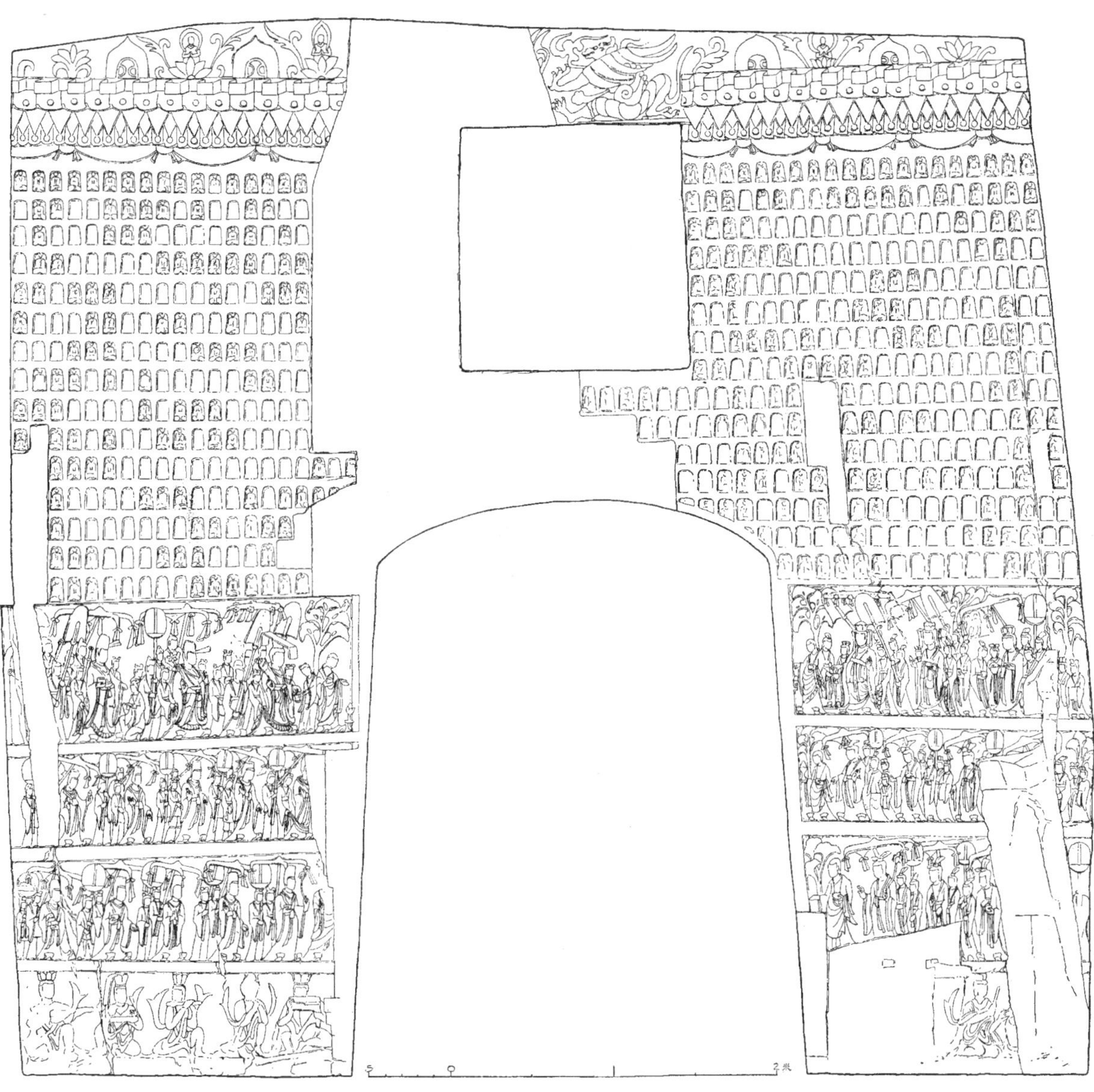

实测图 8　第 1 窟南壁图（初版图 4）

实测图 9　第 1 窟东壁图（初版图 5）

实测图 10　第 1 窟西壁图（初版图 6）

实测图11　第1窟北壁图(初版图7)

米
第一窟中心柱南面圖
第一窟中心柱東面圖

实测图 12a　第 1 窟中心柱南面及东面图（初版图 8，图面有批注，要求“重绘”）

实测图 12b 第 1 窟中心柱南面及东面图（修订图）

实测图 13a　第 1 窟中心柱北面及西面图（初版图 9，图面有批注，要求“重绘”）

北面

西面

实测图 13b 第 1 窟中心柱北面及西面图（修订图）

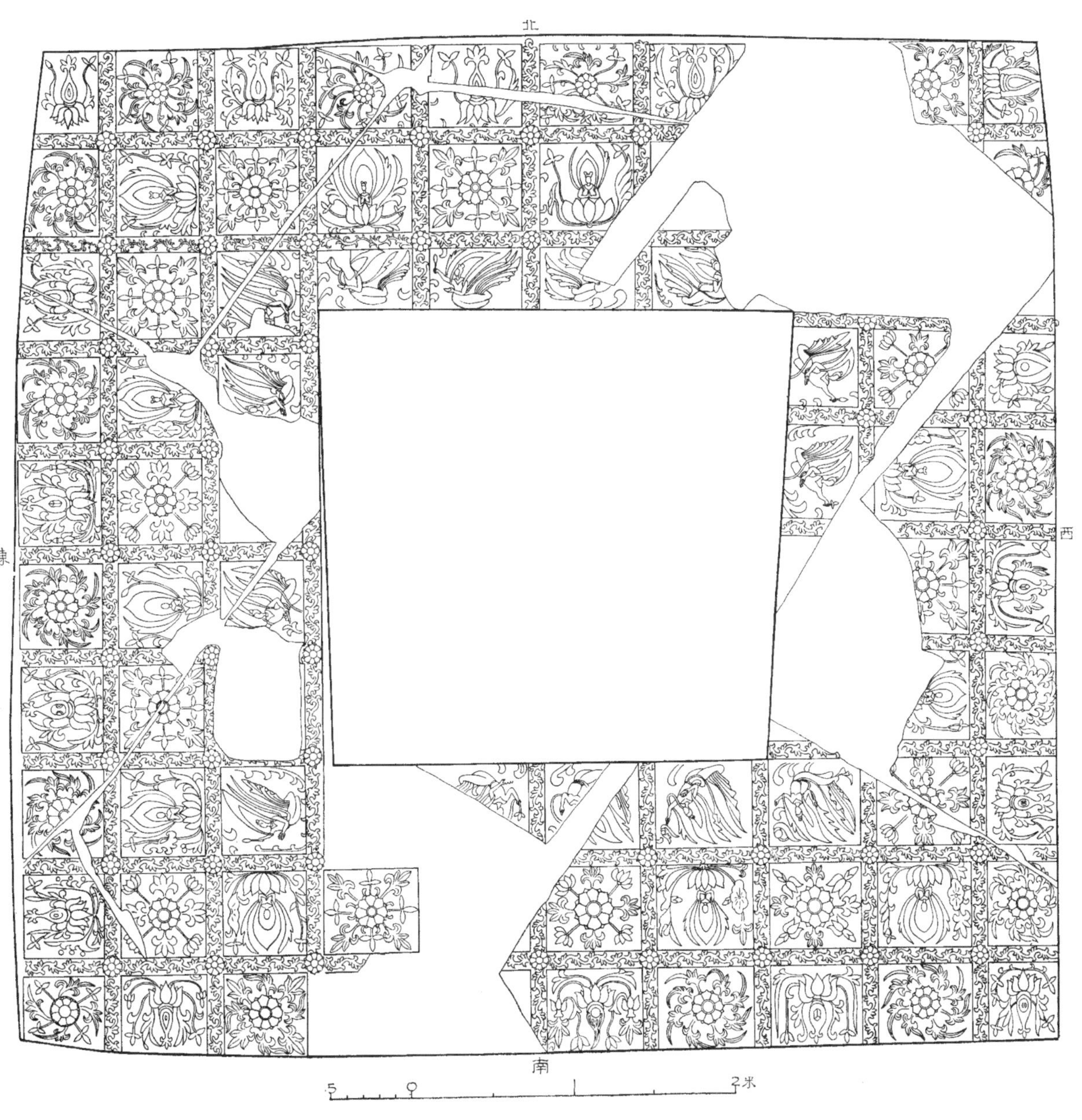

实测图 14　第 1 窟平棊图（初版图 10）

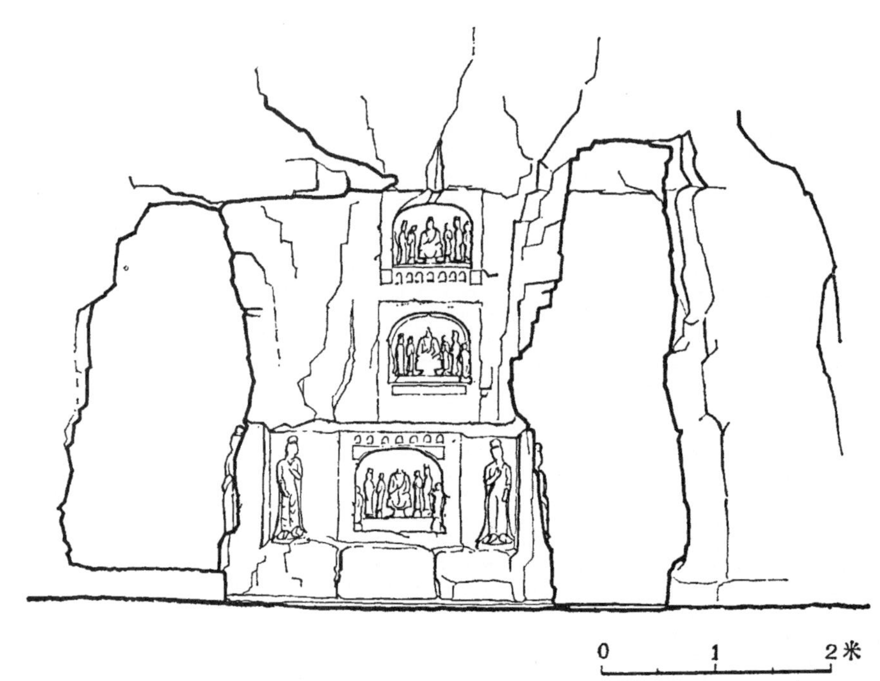

实测图 15　第 2 窟中心柱南面图（新增图）

实测图 16　第 2 窟东壁图（新增图）

实测图 17　第 2 窟西壁图（新增图）

实测图 18　第 2、3 窟间壁崖小龛图（新增图）

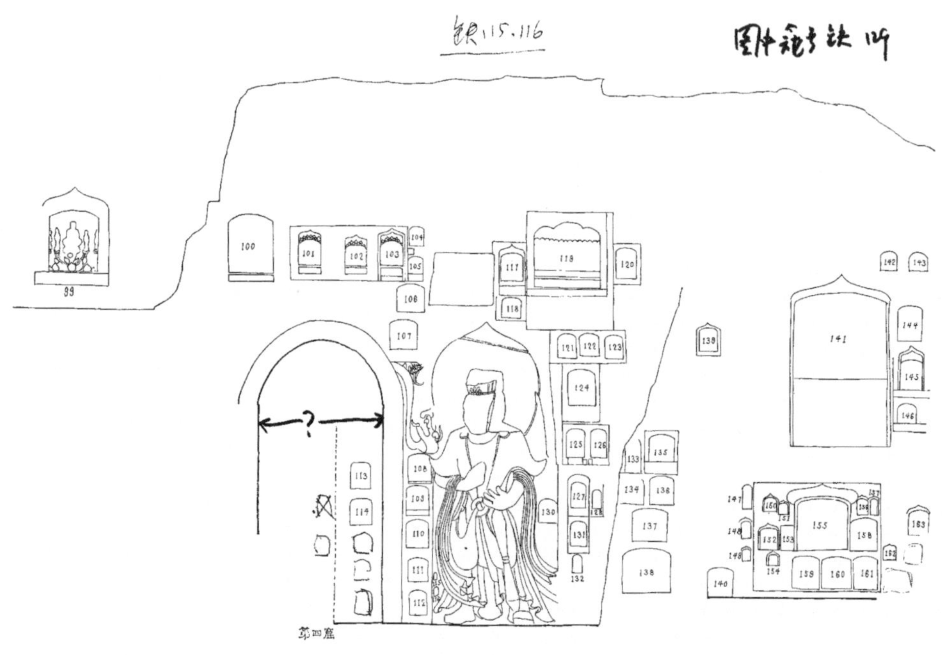

实测图 19a　第 4 窟外壁小龛图（初版图 26 上半部，图面有批注）

实测图 19b　第 3、4 窟外壁及外壁小龛图（新增图，图面右半系据初版图 26 上半部修改，未标示第 115、116 龛位置）

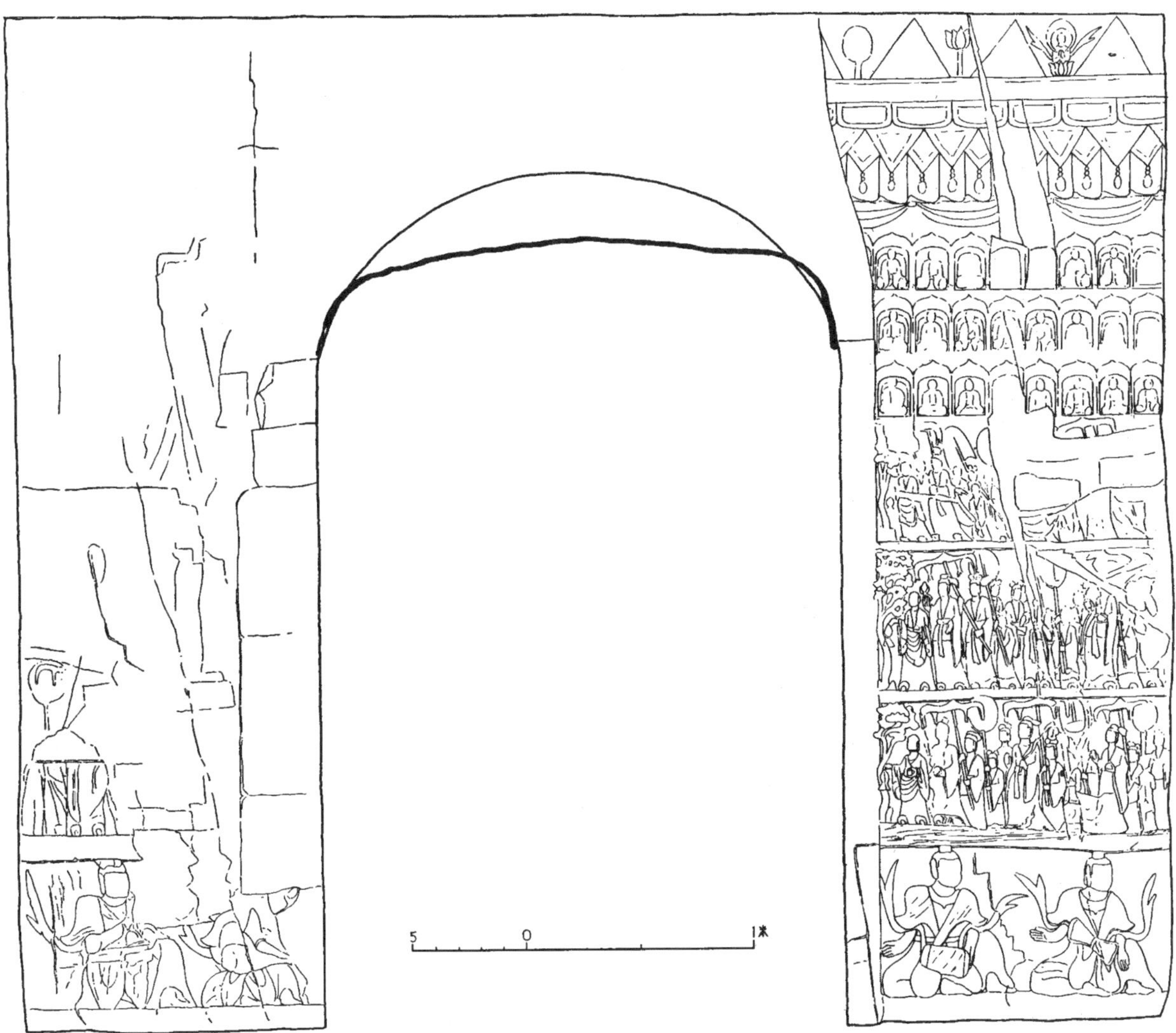

实测图 20a　第 3 窟南壁图（初版图 13，图面有批注）

实测图 20b　第 3 窟南壁图（修订图）

实测图 21　第 3 窟东壁图（初版图 14）

实测图 22　第 3 窟西壁图（初版图 15）

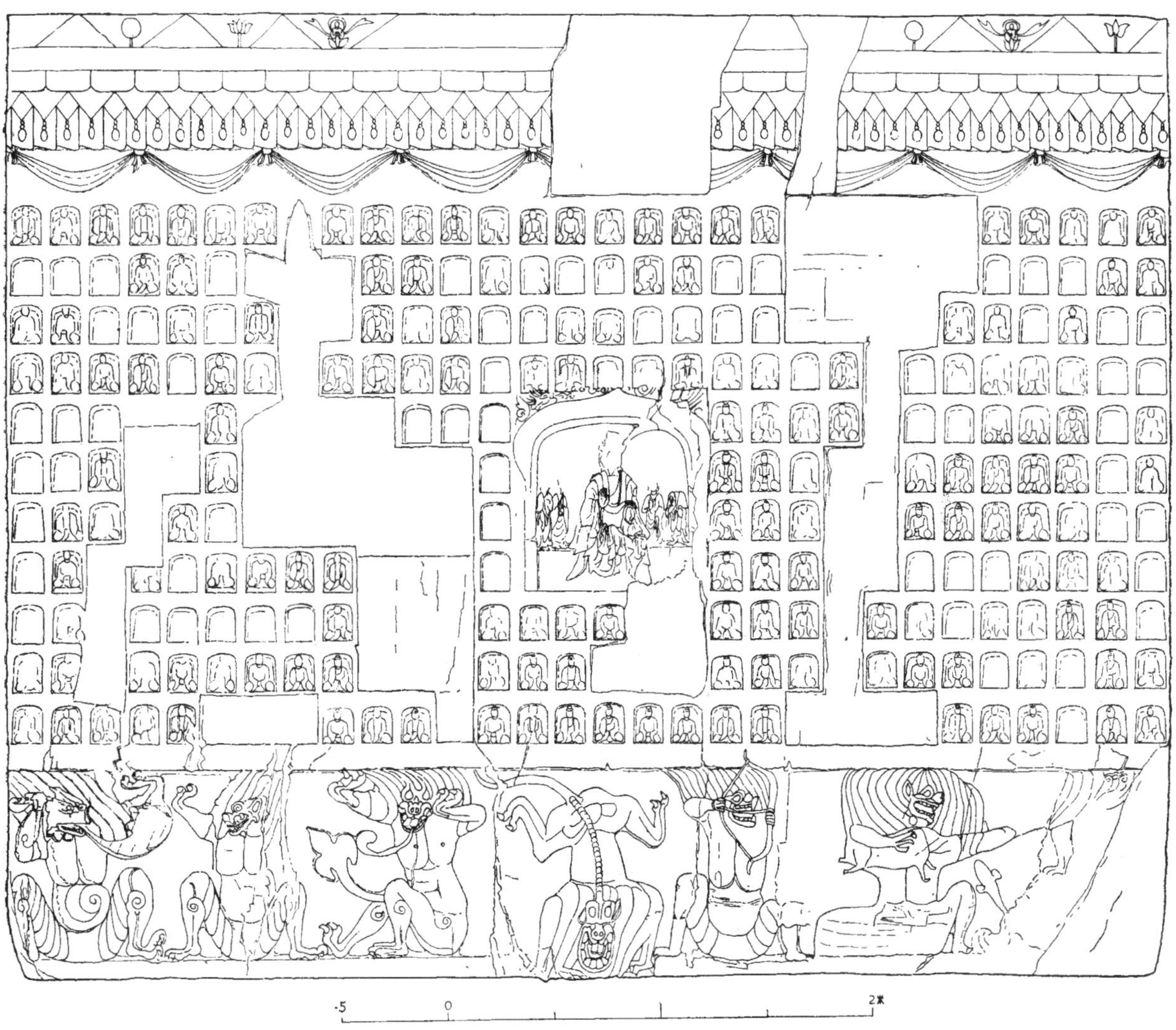

实测图 23　第 3 窟北壁图（初版图 16）

实测图24　第3窟中心柱南面及东面图(初版图17)

实测图25　第3窟中心柱北面及西面图（初版图18）

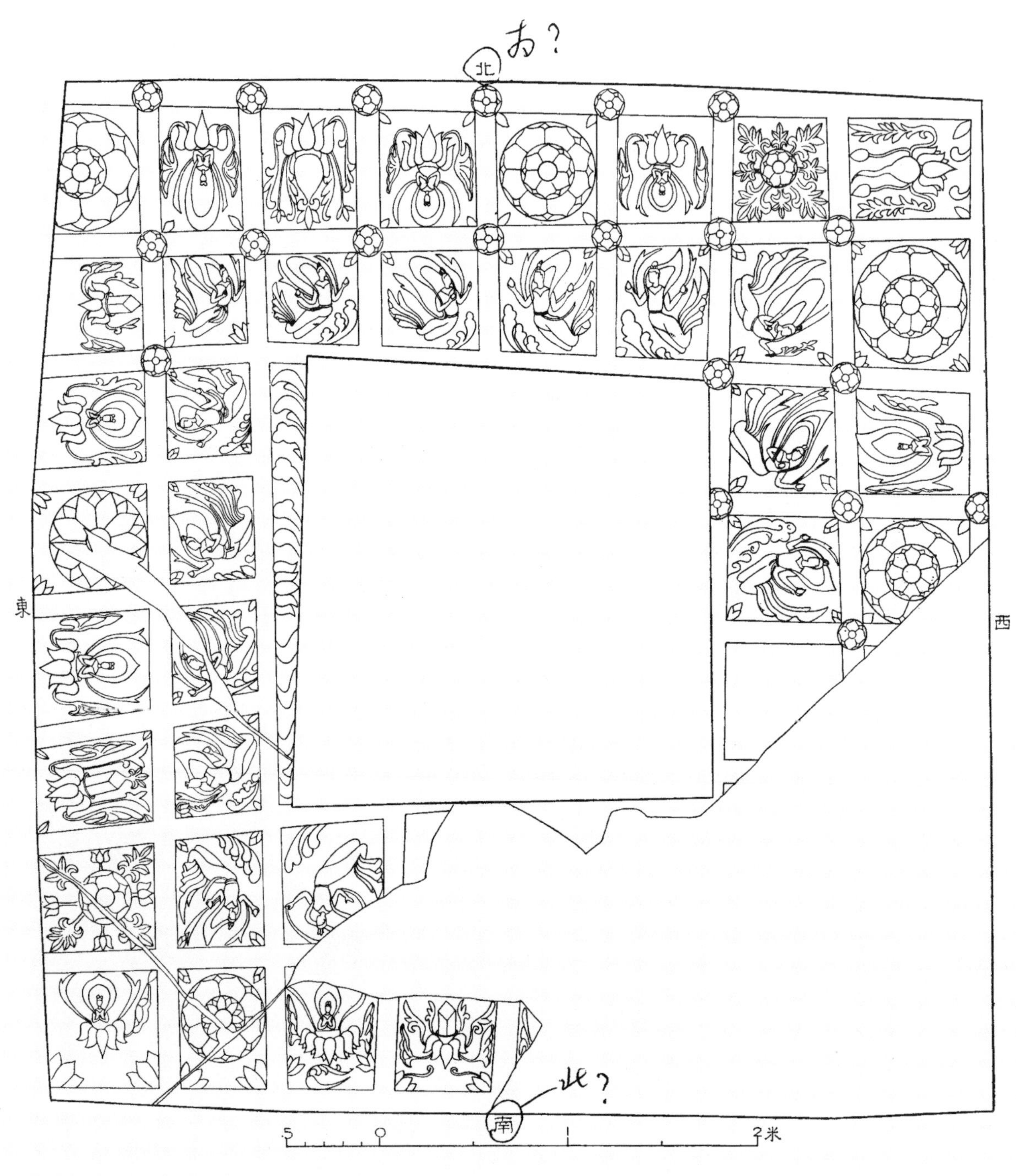

实测图 26　第 3 窟平綦图（初版图 12，图面有批注）

实测图 27　第 4 窟平棊图（初版图 25）

实测图 28a　第 4 窟南壁图（初版图 19，图面有批注）

实测图 28b　第 4 窟南壁图（保持初版图 19 原貌，未按批注修改）

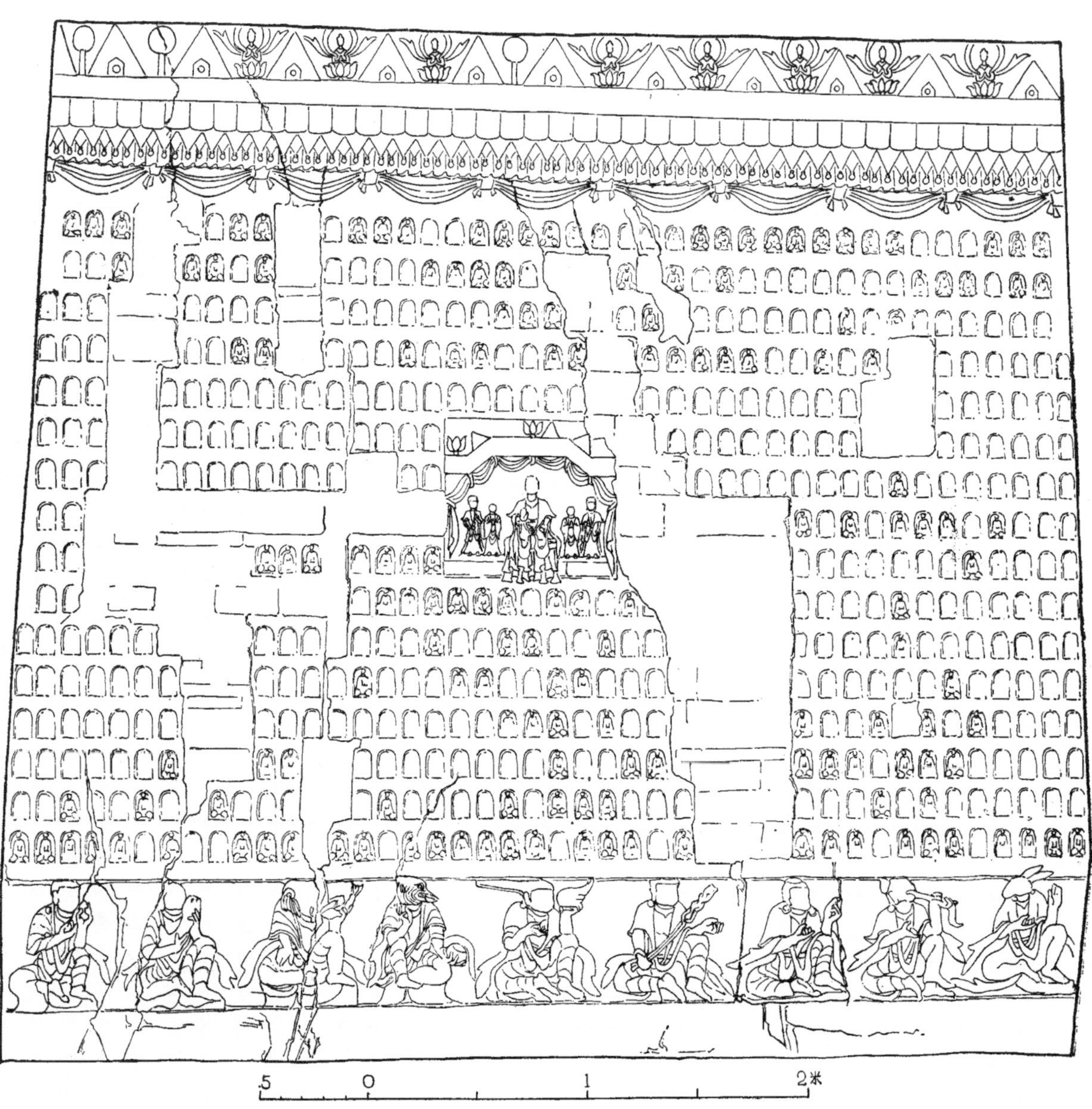

实测图 29　第 4 窟东壁图（初版图 20）

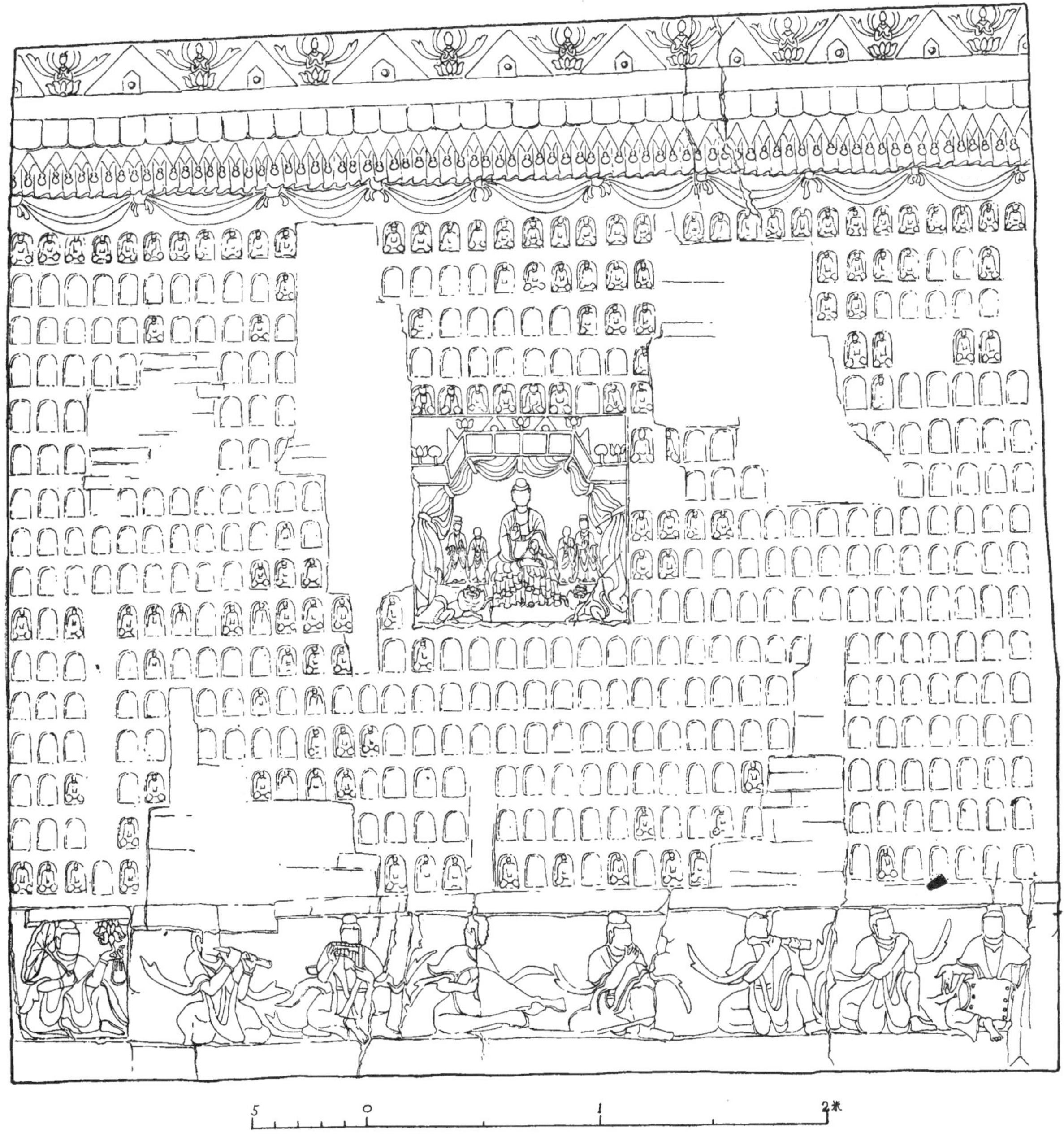

实测图 30　第 4 窟西壁图（初版图 21）

实测图 31　第 4 窟北壁图（初版图 22）

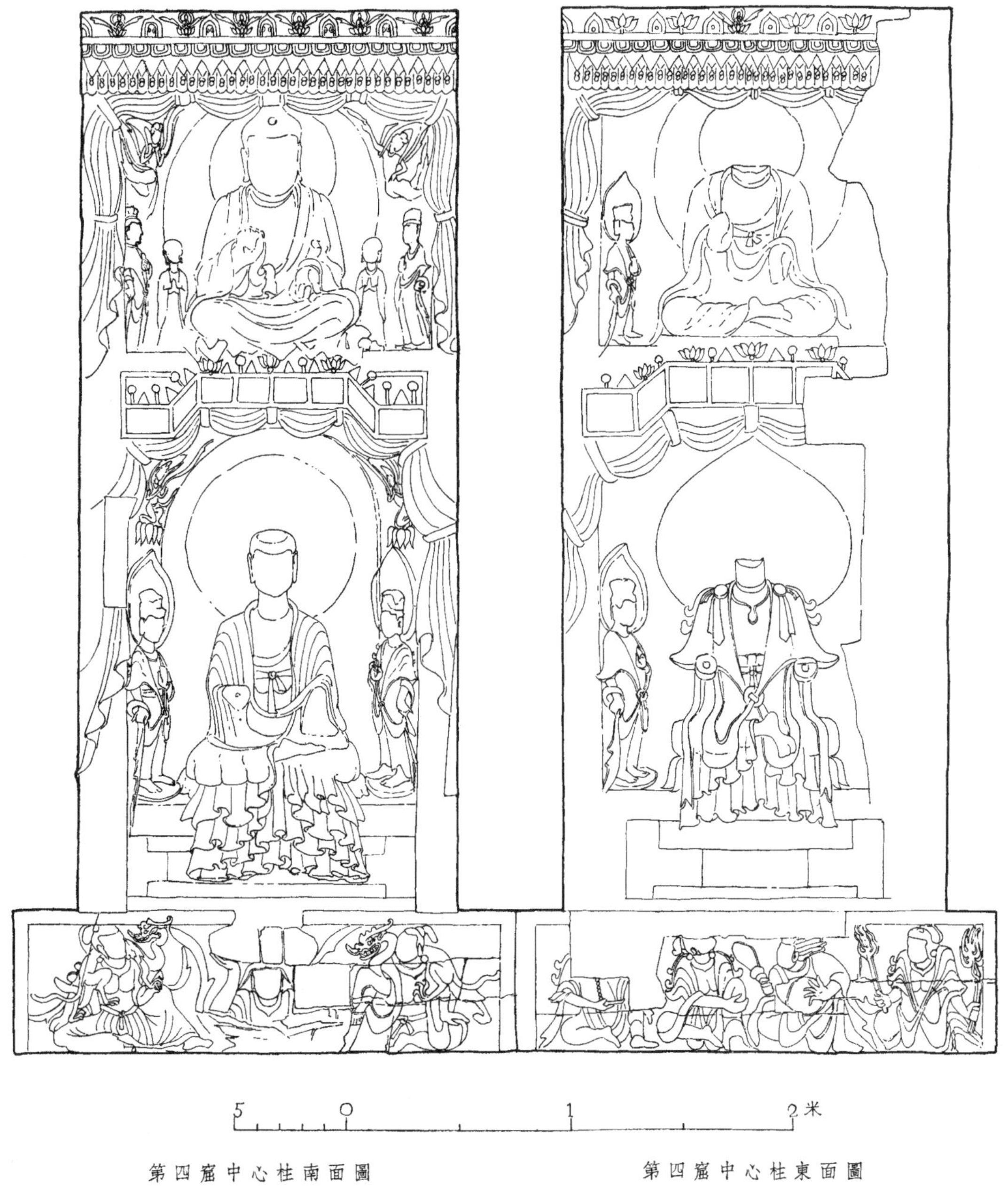

实测图 32a　第 4 窟中心柱南面及东面图（初版图 23，图面有批注，要求"重绘"）

实测图 32b　第 4 窟中心柱南面及东面图（修订图。整理者按，所修订处为上龛像已剥去清代泥妆）

重绘

实测图 33a　第 4 窟中心柱北面及西面图（初版图 24，图面有批注，要求“重绘”）

实测图33b 第4窟中心柱北面及西面图（修订图。整理者按，所修订处为上龛像已剥去清代泥妆）

实测图 34a　第 5 窟外壁小龛图（初版图 26 下半部，图面有批注，要求“重绘”）

实测图 34b　第 5 窟外壁小龛图（修订图）

第五窟南壁圖

第五窟北壁圖

第五窟東壁圖

第五窟西壁圖

实测图 35　第 5 窟四壁图（初版图 27）

实测图 36　第 5 窟藻井图（初版图 28）

第1窟窟门西侧壁小龛图

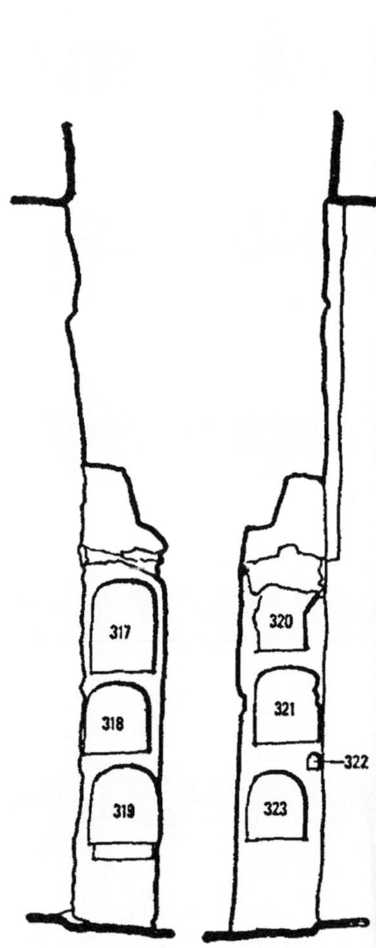

第4窟窟门西壁内外侧小龛图

实测图37　第1窟窟门西侧壁小龛图（新增图）
实测图38　第4窟窟门西壁内外侧小龛图（新增图）
实测图39　第4窟窟门东侧壁小龛图（新增图）
实测图40　第5窟窟门西侧壁小龛图（新增图）

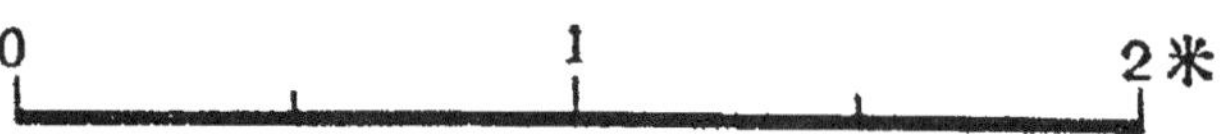
113
114
325
326
327
324
178
179
180
181
182
183
184
185
186
187
188
189
190
191
192
0
1
2米

附 录 一

1963 年版《巩县石窟寺》图版目录

1. 巩县石窟寺全景［批注：可重摄］

2. 第一、二窟外景

3. 第三、四、五窟外景［批注：能否增加各窟较下的外景，为避开后建廊屋］

4. 第一窟外西上方残存飞天及弟子像

5. 第 29～32、34～36、39～41 龛［批注：第 39 龛下，天保八年（公元 557 年）；第 32 龛，天平六年（实际上没有天平六年，公元 539 年）；第 35 龛下，天保七年（公元 556 年）；第 37 龛，天保九年（公元 558 年）；第 34 龛左，河清二年（公元 563 年）］

6. 第 42～55 龛

7. 第 38 龛，北齐天保八年（公元 557 年）

8. 第 49 龛，唐咸通八年（公元 867 年）

9. 第 50 龛，唐久视元年（公元 700 年）

10. 第 52 龛，唐延载元年（公元 694 年）

11. 第 97 龛，北齐天保七年（公元 556 年）；第 98 龛，西魏大统四年（公元 538 年）

12. 第一窟外景

13. 第一窟外东侧大佛及胁侍

14. 第一窟外东侧大佛侧面

15. 第一窟外西侧残存菩萨像

16. 第一窟南壁东部全景

17. 第一窟南壁东部礼佛图全景

18. 第一窟南壁东部礼佛图上层

19. 第一窟南壁东部礼佛图中层

20. 第一窟南壁东部礼佛图上层（部分）

21. 第一窟南壁东部礼佛图上层（部分）

22. 第一窟南壁东部礼佛图下层
23. 第一窟南壁东部壁脚浮雕伎乐人
24. 第一窟南壁东部礼佛图下层（部分）
25. 第一窟南壁西部全景
26. 第一窟南壁西部礼佛图上层
27. 第一窟南壁西部礼佛图中层
28. 第一窟南壁西部礼佛图中层（部分）[批注：应为上层]
29. 第一窟南壁西部礼佛图下层
30. 第一窟南壁西部礼佛图下层（部分）
31. 第一窟东壁第一、二龛全景
32. 第一窟东壁第三、四龛全景
33. 第一窟东壁第二龛龛楣
34. 第一窟东壁第一龛内比丘像
35. 第一窟东壁第一龛内维摩诘像
36. 第一窟东壁第三龛内北胁侍菩萨像
37. 第一窟东壁第三龛内南胁侍菩萨像
38. 第一窟东壁第三龛内北飞天
39. 第一窟东壁第三龛内南飞天
40. 第一窟东壁第四龛全景
41. 第一窟东壁壁脚浮雕伎乐人（第一躯）
42. 第一窟东壁壁脚浮雕伎乐人（第八、九躯）[批注：第九、十躯]
43. 第一窟东壁壁脚浮雕伎乐人（第十躯）[批注：第十一躯。疑为“羯鼓”]
44. 第一窟东壁壁脚浮雕伎乐人（第十一躯）[批注：第十二躯]
45. 第一窟西壁第一、二龛全景
46. 第一窟西壁第三、四龛全景
47. 第一窟西壁第一龛龛楣
48. 第一窟西壁第二龛全景

49. 第一窟西壁第二龛龛楣上飞天（之一）

50. 第一窟西壁第二龛龛楣上飞天（之二）

51. 第一窟西壁第二龛龛楣

52. 第一窟西壁第三龛龛楣上飞天

53. 第一窟西壁第三龛龛楣

54. 第一窟西壁第四龛

55～56. 第一窟西壁第四龛内比丘像

57. 第一窟西壁壁脚浮雕伎乐人（第一躯）

58～60. 第一窟西壁壁脚浮雕伎乐人（第三、四、五躯）[批注：第四、五、六躯]

61～63. 第一窟西壁壁脚浮雕伎乐人（第六、八、九躯）[批注：第七、八、九躯]

64. 第一窟北壁第一、二龛全景

65. 第一窟北壁第三、四龛全景

66. 第一窟北壁第一龛全景

67. 第一窟北壁第一龛本尊及胁侍菩萨

68. 第一窟北壁第一龛本尊

69. 第一窟北壁第一龛西胁侍菩萨

70. 第一窟北壁第二龛全景

71～72. 第一窟北壁壁脚浮雕异兽（第一、二、三躯）

73～74. 第一窟北壁壁脚浮雕异兽（第四、五、六躯）

75～77. 第一窟北壁壁脚浮雕异兽（第七、八、九躯）

78～79. 第一窟北壁壁脚浮雕异兽（第十、十一、十二躯）

80. 第一窟中心柱南面全景 [批注：剥出。整理者按：似指本尊像留有大面积清代泥妆，为还原北魏原貌而应剥去。下同]

81. 第一窟中心柱南面主龛龛楣

82. 第一窟中心柱南面主龛本尊像 [批注：剥出。同前注]

83. 第一窟中心柱南面佛座西侧狮子及唐代小龛

84. 第一窟中心柱南面佛座东侧狮子及唐代小龛

85. 第一窟中心柱南面基座浮雕神王（第二、三躯）

86. 第一窟中心柱东面全景［批注：剥出。同前注］

87. 第一窟中心柱东面本尊像［批注：剥出。同前注］

88. 第一窟中心柱东面基座浮雕神王（第一、二躯）

89. 第一窟中心柱东面基座浮雕神王（第四躯）

90. 第一窟中心柱东面基座浮雕神王（第五、六躯）

91. 第一窟中心柱东面基座浮雕神王（第七躯）

92. 第一窟中心柱西北面全景［批注：剥出。同前注］

93. 第一窟中心柱西面基座浮雕神王（第一躯）

94. 第一窟中心柱西面基座浮雕神王（第二、三躯）

95. 第一窟中心柱西面基座浮雕神王（第四躯）

96. 第一窟中心柱西面基座浮雕神王（第五、六躯）

97. 第一窟中心柱北面全景［批注：剥出。同前注］

98. 第一窟中心柱北面基座浮雕神王（第一、二躯）

99. 第一窟中心柱北面基座浮雕神王（第三躯）

100. 第一窟中心柱北面基座浮雕神王（第四、五躯）

101. 第一窟中心柱北面基座浮雕神王（第六躯）

102. 第一窟平綦（东北角）

103. 第一窟平綦（西北角）

104. 第二窟中心柱南面

105. 第二窟中心柱南面中层佛龛

106. 第二窟中心柱南面下层佛龛

107～108. 第二窟中心柱南面下层佛龛内胁侍菩萨

109. 第二窟西壁全景

110. 第二窟东壁唐代佛龛

111. 第二窟东壁东魏佛龛

112. 第三窟外景

113. 第三窟南壁东部残存礼佛图及壁脚伎乐人

114. 第三窟南壁西部

115. 第三窟南壁西部礼佛图中层

116. 第三窟南壁西部礼佛图下层

117. 第三窟南壁西部礼佛图中层（部分）

118. 第三窟南壁西部礼佛图下层（部分）

119. 第三窟南壁西部壁脚浮雕伎乐人（第一躯）

120. 第三窟南壁西部壁脚浮雕伎乐人（第二躯）

121. 第三窟东壁全景

122～124. 第三窟东壁壁脚浮雕伎乐人（第一、二、三躯）

125～127. 第三窟东壁壁脚浮雕伎乐人（第四、五、六躯）[批注：有误]

128. 第三窟西壁全景

129. 第三窟西壁千佛龛（部分）

130. 第三窟西壁主龛内胁侍菩萨及弟子像

131. 第三窟西壁主龛龛楣雕饰

132～135. 第三窟西壁壁脚浮雕伎乐人（第一、二、三、四躯）[批注：有误]

136. 第三窟西壁壁脚浮雕伎乐人（第五、六、七躯）

137. 第三窟北壁全景

138. 第三窟北壁主龛

139～141. 第三窟北壁壁脚浮雕异兽（第一、二、三躯）

142～144. 第三窟北壁壁脚浮雕异兽（第四、五、六躯）

145. 第三窟中心柱南面全景

146. 第三窟中心柱南面本尊像

147. 第三窟中心柱南面佛龛龛楣雕饰

148. 第三窟中心柱南面基座浮雕神王（第一躯）[批注：山神]

149～151. 第三窟中心柱南面基座浮雕神王（第二、三、五躯）[批注：二为树神，五为风神]

152. 第三窟中心柱东北面全景

153～155. 第三窟中心柱东面基座浮雕神王（第一、二、三躯）[批注：二为火神]

156～158. 第三窟中心柱东面基座浮雕神王（第四、五、六躯）[批注：六为树神]

159. 第三窟中心柱北面佛龛内右胁侍菩萨及弟子像

160. 第三窟中心柱北面佛龛内左胁侍菩萨及弟子像

161. 第三窟中心柱北面基座浮雕神王（第一躯）

162. 第三窟中心柱北面基座浮雕神王（第二躯）

163～165. 第三窟中心柱北面基座浮雕神王（第四、五、六躯）

166. 第三窟中心柱西面（上半）

167. 第三窟中心柱西面（下半）

168～170. 第三窟中心柱西面基座浮雕神王（第一、二、三躯）

171～173. 第三窟中心柱西面基座浮雕神王（第四、五、六躯）

174. 第三窟平綦全景 [批注：反了？]

175. 第三窟平綦东北角（部分）[批注：？]

176. 第三窟平綦北面（部分）[批注：？]

177. 第三窟平綦西南角（部分）[批注：？]

178. 第三窟平綦南面（部分）[批注：？]

179. 第四窟小龛全景

180. 第四窟外第 102～107 龛

181. 第四窟外第 101 龛，唐龙朔三年（公元 662 年）[批注：663 年]

182. 第四窟外第 102 龛，唐龙朔三年（公元 662 年）[批注：663 年]

183. 第四窟外第 103 龛

184. 第四窟外第 109 龛

185. 第四窟外第 110 龛

186. 第四窟外第 117～124 龛

187. 第四窟外第 121～126 龛

188. 第四窟外第 117 龛

189. 第四窟外第 113、114 龛
190. 第四窟外第 119 龛［批注：有误］
191. 第四窟外第 127～132 龛
192. 第四窟外第 133～138 龛
193. 第四窟外第 130 龛，东魏天平四年（公元 537 年）
194. 第四窟外第 147～162 龛
195. 第四窟外第 141、144～146 龛
196. 第四窟外第 141 龛
197. 第四窟外第 141 龛下盂兰盆经
198. 第四窟外第 153 龛
199. 第四窟外第 154 龛，北齐天保二年（公元 551 年）
200. 第四窟外东侧金刚力士像
201. 第四窟窟门外景
202. 第四窟窟门外东侧金刚力士像
203. 第四窟南壁东侧全景
204. 第四窟南壁中部门上佛龛
205. 第四窟南壁东部礼佛图第一层
206. 第四窟南壁东部礼佛图第二层
207. 第四窟南壁东部礼佛图第三层
208. 第四窟南壁东部礼佛图第二层（部分）
209～210. 第四窟南壁东部礼佛图第三层（部分）
211. 第四窟南壁东部礼佛图第四层
212. 第四窟南壁东部礼佛图第四层（部分）
213. 第四窟南壁东部壁脚浮雕异兽
214. 第四窟南壁东部全景［批注：加壁画］
215. 第四窟南壁西部礼佛图第一层
216. 第四窟南壁西部礼佛图第二层

217. 第四窟南壁西部礼佛图第一层（部分）

218～219. 第四窟南壁西部礼佛图第二层（部分）

220. 第四窟南壁西部壁脚浮雕异兽

221. 第四窟东壁全景

222. 第四窟东壁主龛

223. 第四窟东壁壁脚浮雕神王（北部）[批注：左起二、三、四分别为河、象、乌神]

224. 第四窟东壁壁脚浮雕神王（南部）[批注：左一为火神]

225. 第四窟东壁壁脚浮雕神王（第二躯）[批注：河神]

226. 第四窟东壁壁脚浮雕神王（第四躯）[批注：乌神]

227. 第四窟东壁壁脚浮雕神王（第五躯）

228. 第四窟东壁壁脚浮雕神王（第八躯）

229. 第四窟西壁全景

230. 第四窟西壁壁脚浮雕伎乐人（南部）

231. 第四窟西壁壁脚浮雕伎乐人（北部）

232. 第四窟西壁壁脚浮雕伎乐人（第一躯）

233. 第四窟西壁壁脚浮雕伎乐人（第二躯）

234. 第四窟西壁壁脚浮雕伎乐人（第三躯）

235. 第四窟西壁壁脚浮雕伎乐人（第四躯）

236. 第四窟西壁壁脚浮雕伎乐人（第五躯）

237. 第四窟西壁壁脚浮雕伎乐人（第六躯）

238. 第四窟西壁壁脚浮雕伎乐人（第七躯）

239. 第四窟西壁壁脚浮雕伎乐人（第八躯）

240. 第四窟西壁主龛

241. 第四窟西壁主龛内本尊及胁侍

242. 第四窟北壁全景

243. 第四窟北壁壁脚浮雕伎乐人（西部）

244. 第四窟北壁壁脚浮雕伎乐人（东部）

245～248. 第四窟北壁壁脚浮雕伎乐人（第一、二、三、四、五躯）

249～253. 第四窟北壁壁脚浮雕伎乐人（第六、七、八、九、十躯）

254. 第四窟中心柱南面全景

255. 第四窟中心柱南面上层佛龛［批注：剥出。同前注］

256. 第四窟中心柱南面下层佛龛

257. 第四窟中心柱南面下层佛龛内释迦三尊

258. 第四窟中心柱南面基座浮雕神王（第一躯）

259. 第四窟中心柱南面基座浮雕神王（第二躯）

260. 第四窟中心柱南面基座浮雕神王（第三躯）［批注：龙神］

261. 第四窟中心柱东北面（上半）

262. 第四窟中心柱东北面（下半）

263. 第四窟中心柱东面下层佛龛内右胁侍菩萨

264. 第四窟中心柱东面下层佛龛内左胁侍菩萨

265. 第四窟中心柱东面基座

266～268. 第四窟中心柱东面基座浮雕神王（第二、三、四躯）［批注：三风神，四火神］

269. 第四窟中心柱北面基座

270～272. 第四窟中心柱北面基座浮雕神王（第一、二、三躯）［批注：三鸟神］

273. 第四窟中心柱北面基座浮雕神王（第四躯）

274. 第四窟中心柱西面（上部）［批注：剥出。同前注］

275. 第四窟中心柱西面（下部）

276. 第四窟中心柱西面下层佛龛内释迦多宝

277. 第四窟中心柱西面基座

278. 第四窟中心柱西面基座浮雕神王（第一躯）［批注：山神］

279. 第四窟中心柱西面基座浮雕神王（第二躯）［批注：二树神］

280. 第四窟中心柱西面基座浮雕神王（第三躯）

281. 第四窟中心柱西面基座浮雕神王（第四躯）

282. 第四窟平棊全景

283～284. 第四窟平棊西北角（部分）

285. 第四窟平棊东南角（部分）

286～287. 第四窟平棊西南角（部分）

288. 第四窟平棊南面（部分）

289. 第四窟西北角地面残存浮雕图案

290. 第五窟外第 164～166、170～173 龛

291. 第五窟外浮雕九层塔

292. 第五窟外第 170 龛本尊

293. 第五窟外第 178～186 龛

294. 第五窟外第 187～192 龛［批注：190 龛上，天平三年（536 年），杨大昇；189 龛左，大统二年（536 年）］

295. 第五窟窟门西侧第 185 龛，唐乾封三年（公元 668 年）

296. 第五窟窟门西侧第 186 龛，唐乾封二年（公元 667 年）

297. 第五窟窟门西侧第 187 龛下供养像，东魏天平年间（公元 534—537 年）

298. 第五窟窟门西侧第 189 龛，西魏大统二年（公元 536 年）

299. 第五窟外第 195 龛

300. 第五窟外第 196 龛，东魏天平三年（公元 536 年）

301. 第五窟外第 197 龛，东魏天平三年（公元 536 年）

302. 第五窟外第 206 龛

303. 第五窟外第 204～222 龛［批注：203～222 龛］

304. 第五窟外第 210～219 龛［批注：210～216、219 龛］

305. 第五窟外第 209 龛本尊

306. 第五窟外第 211 龛，唐总章元年（公元 668 年）

307. 第五窟外第 214 龛

308. 第五窟外第 219 龛，唐龙朔元年（公元 661 年）

309. 千佛龛全景

310. 千佛龛护法神王

311. 千佛龛金毗罗神王

312. 第五窟外景

313. 第五窟门楣残存浮雕

314. 第五窟门东侧金刚力士像

315. 第五窟南壁全景

316. 第五窟南壁门楣上浮雕五佛

317. 第五窟南壁东部立佛

318. 第五窟南壁西部立佛

319. 第五窟东壁全景

320. 第五窟东壁主龛南侧浮雕（上）

321. 第五窟东壁主龛南侧浮雕（中）

322. 第五窟东壁主龛南侧浮雕（下）

323. 第五窟东壁主龛下供养比丘像

324. 第五窟西壁全景

325～326. 第五窟西壁佛龛上飞天

327. 第五窟西壁佛龛内胁侍菩萨及弟子像

328. 第五窟西壁佛龛下供养比丘像（南）

329. 第五窟西壁佛龛下供养比丘像（北）

330. 第五窟西壁佛龛南侧浮雕（上）

331. 第五窟西壁佛龛南侧浮雕（中）

332. 第五窟西壁佛龛南侧浮雕（下）

333. 第五窟西壁佛龛北侧浮雕（上）

334. 第五窟西壁佛龛北侧浮雕（中）

335. 第五窟西壁佛龛北侧浮雕（下）

336. 第五窟北壁全景

337. 第五窟北壁佛龛上唐代小龛（西部）

338. 第五窟北壁佛龛上唐代小龛（东部）

339～340. 第五窟北壁佛座上浮雕

341. 第五窟北壁佛龛内西胁侍菩萨及弟子像

342. 第五窟北壁佛龛内东胁侍菩萨及弟子像

343. 第五窟藻井全景［批注：反了？］

344. 第五窟藻井全景（西南角）

345. 第五窟藻井全景（西面）

346. 第五窟藻井全景（西北角）

347. 第五窟地面中心浮雕

附 录 二

《巩县石窟寺》再版意见[1]

一、应征求河南省意见并请补充近年新发现资料。

二、原《巩县石窟寺概况》一文中所提到的雕刻中有部分因当时条件所限未能拍摄，请考虑现在能否补充：

1. 4 页　倒 5 行　原有彩色；倒 1 行　伎乐天……最为精致。

2. 5 页　倒 10 行　两个飞天彩色还相当鲜艳；正 5 行　异兽；6 行　礼佛图彩色。

3. 7 页　9～10 行　龛楣及北面龛。

4. 8 页　16～17 行　仅有的一幅壁画。

又此文中凡所提到的具体雕刻，均请补注上图版号。

三、原图版质量较差的，考虑重摄，计有：1、2、3、31、32、40、45、46、80、81、112、114、130、147、190、200、203、204、222、254、255、312、315、318、324、327。

四、原有壁脚浮雕神王异兽等大小、斜正极不一致，希望能设法调整或重摄，使每组一致。计有：41～44、57～63、71～79、88～91、93～96、98～101、122～127、132～136、139～144、148～151、161～165、168～173、225～228、232～239、245～253、266～268、270～273、278～281。

五、原图保留并另增特写：

1. 111 图增加主像特写（应改相反角度）。

2. 167 图主像特写（注意衣纹表现）。

3. 276 图请增加一张从相反角度的特写。

---

[1] 此稿约作于 1980 年。时文物出版社拟与日本株式会社平凡社合作出版“中国石窟”系列丛书，初步考虑对 1963 年版《巩县石窟寺》进行简单修订，列入该出版计划之中。

整理说明

本篇与下篇《巩县石窟寺雕刻的风格及技巧》是互相关联的姊妹篇，现将有关情况说明如下。

约在二十世纪六十年代初，陈明达先生任文物出版社编审，主持策划、审阅古建筑和石窟两类重点图书。针对国内对这两类图书的需求与学术界的研究进展，他认为这两类图书中应有各自的学术专著范本，其基本要求是体例完备、资料翔实和论证充分，而体例完备一项无疑是首要的。为此，他先后编著出版了《巩县石窟寺》（石窟类）、《应县木塔》（古建筑类）这两本学术专著。这两本书的基本体例是：

1. 文论部分：调查报告（或概况介绍）与研究论文

2. 勘察资料：

   a. 实测图纸

   b. 照片资料

3. 历史文献汇编

4. 大事记

具体到 1963 年出版的《巩县石窟寺》，其构成是：

1. 巩县石窟寺概况

2. 研究论文：陈明达著《巩县石窟寺的雕凿年代及特点》

3. 图版（照片资料）

4. 实测图

5. 巩县石窟寺石刻录（文献资料）

此初版《巩县石窟寺》面世之后，普通读者、学术界均反映良好，如著名美术史家温廷宽先生称“研究论文深而且透，研究成果辉煌，堪称学术界巨文”。［插图一］与此同时，巩县石窟寺实地勘察情况又有一些新的变化：按照六十年代初的安排，巩县石窟寺文保部门做了大量的继续清理、勘察工作，如为还原北魏原貌而陆续将一些造像表面的明清泥妆剥离，在第 2、3 窟之间的坡地清理出

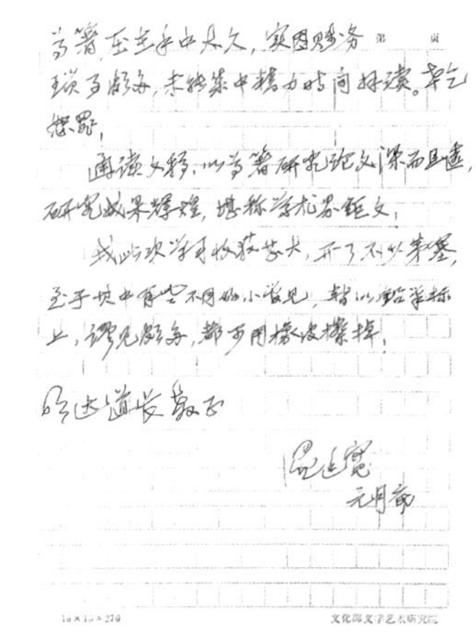
大著在手中太久，实因杂务琐事繁多，未能集中精力时间拜读。事已歉罪，

通读文稿，以为大著研究论文深而且透，研究成果辉煌，堪称学术界巨文，

我此次学习收获甚大，开了不少窍塞，至于其中有些不同的小意见，暂以铅笔标上，谬见繁多，都可用橡皮擦掉，

明达道长教正

温廷宽

元月节

文化部文学艺术研究院

插图一　温廷宽致陈明达函

一些历代增开小龛，等等。

鉴于读者反映很好而初版印数仅800册，也鉴于清理、发掘工作的新进展，文物出版社于二十世纪八十年初决定编撰出版此书的修订扩编版，即文物出版社与日本株式会社平凡社合作出版之系列丛书《中国石窟·巩县石窟寺》（1989年6月面世）［插图二］。

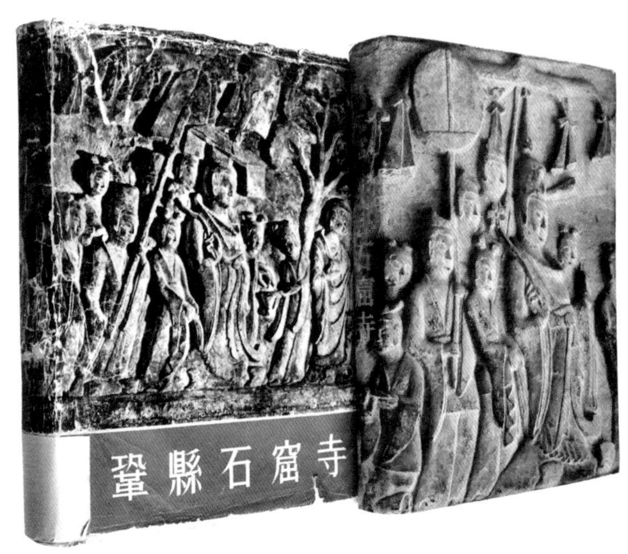

插图二　1963年版《巩县石窟寺》（左）与《中国石窟·巩县石窟寺》（右）书影

本篇列为附录二的《〈巩县石窟寺〉再版意见》，表现了陈明达先生对待此事的认真负责。据文物出版社编审黄逖先生生前回忆：动议再版《巩县石窟寺》之初，出版社方面的计划仅仅是对1963年初版的简单修订，希望短时间内完成，但陈明达先生回复的意见比出版社预想的要复杂许多［插图三］。他坚持实地考察、绘图及研究论文方面的扩展，邀约了多位作者参与，故这次出版周期长达八年。

这个修订版本在文论部分增加了莫宗江、陈明达合撰《巩县石窟寺雕刻的风格及技巧》，田边三郎助著《巩县石窟寺北魏造像与日本飞鸟雕刻》，安金槐、贾峨编写《巩县石窟寺总叙》。在勘察资料部分，杨烈、仇德虎等根据陈明达先生的指导，修改、重绘、新绘了部分实测图，由初版实测图28张修订为40张；实地照片方面作重新摄影，将初版347张黑白照片改定为299张照片（含彩色照片29张）。历史资料文献方面，原石刻录201条增补为231条，但原刊载拓本77纸减为拓片56件；编写《流散国外的巩县石窟寺北魏造像简目》；增编《巩县石窟寺编年表》。

此次将陈明达为此书所撰《巩县石窟寺的雕凿年代及特点》编入《陈明达全集》第二卷。为全面反映其学术思想和研究历程，照例应将其中先后修订的图纸、照片一并收录，并将“石刻录”“编年表”等列为附录一。但囿于篇幅，本卷将先后两版实测图、照片等合并编辑：实测图附于文后；原初版、再版照片，此次择要列为文内插图；“编

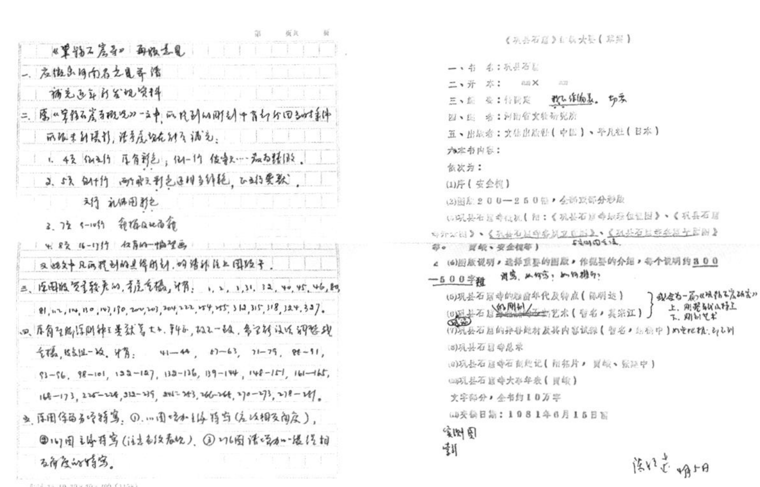
五、出版者：文物出版社（中国）、平凡社（日本）

（1）序（安金槐）

（5）巩县石窟寺的开凿年代及特点（陈明达）

（8）巩县石窟寺总录

（10）巩县石窟寺大事年表（贾峨）

文字部分，全书约10万字

插图三　陈明达《巩县石窟寺》再版意见

年表”和新旧“石刻录”则从略。

需要说明的是：此论文文本以1989年版为底本，参考作者生前批注修订；因考虑到1963年版照片数量较大，且其中所涉及的实物在日后已有变化（如一些北魏造像原外表敷清代泥妆，后已剥除），本身具有史料价值，故选择插图以此为主，并将初版图版目录附于文后，以资参考。

按陈明达先生自1936年随刘敦桢先生考察河南古建筑及石窟以来，于二十世纪六十年代初开始编著《巩县石窟寺》，于八十年代参与此书之修订再版，并在此学识积淀的基础上，主编《中国美术全集·巩县天龙山响堂山安阳石窟雕刻》（雕塑编第13卷），至1989年6月，此书修订版与主编的《中国美术全集·巩县天龙山响堂山安阳石窟雕刻》同时出版，历时达五十三年之久。其间撰写的此篇论文与下篇《巩县石窟寺雕刻的风格及技巧》以及主编《中国美术全集》时所撰《北朝晚期的重要石窟艺术》，形成了他古代雕塑史研究的一个专题系列，也是成果最突出的一个研究专项，在美术史研究界广受赞誉。尽管如此，他在晚年无论与笔者谈话或撰回忆文章《未竟之功》，都称自己当年的所谓编辑“范本”和研究论文只是阶段性成果，希望后学能有新的发现和突破前人的研究进展。

整理者

巩县石窟寺雕刻的风格及技巧[①]

引 言

北魏自和平初年（公元460年）至永熙末年（公元534年）的七十余年间，于云冈、龙门、巩县等地大规模地凿山开窟，促进了我国古代雕刻艺术的蓬勃发展，出现了具有划时代意义的新风格和新作品。这三处石窟年代蝉联，系统分明，作品丰富集中，又因是帝室贵族营建，想必遴选高手名师，可以说这时期创作的大量宗教艺术，堪称是北魏一代雕刻的主流。因此，要想了解北魏时代雕刻艺术的伟大成就以及它在中国雕刻史上的地位，必须对这三处石窟群进行系统综合的研究。

巩县石窟寺在北魏三处石窟中是营建最晚的一个，它不仅保存了云冈、龙门的雕刻遗风，成为北魏后期风格的典型，而且表现出嗣后骤变为北齐、隋代风格的萌芽，因此，它包含着中国雕刻史上极为有趣的问题，值得引起研究者的注意。

就雕刻的技巧来说，我国古代雕刻艺术的发展，突出地表现在时代风格的变化中，而风格的形成则在于造型和构图，造型、构图又必须依赖于技巧。本文的重点，就是专论巩县石窟寺的雕刻风格及技巧。在转入正题之前，首先概观一下巩县石窟寺的窟外立面和窟内构图［插图一、三］。

各窟外壁由于残损较甚，加上后代陆续开凿小龛，原貌已难以辨清。从残存雕刻推测，第1窟壁面中央由窟门、明窗及左右两侧金刚龛组成，形成了以窟门为中心的构图

① 此篇为陈明达先生与莫宗江先生合撰。原文附图分“插图”“图版”两类，现插图序号不变，图版部分在1963年版《巩县石窟寺》和1989年版《中国石窟·巩县石窟寺》中遴选并重新编号，原图号在文中注明，选自前者的称“初版”，后者的则称“原图”。

插图一　第 1 窟外壁立面图

插图二　第 4、5 窟外壁立面图

插图三　第 1、3、4 窟南壁立面图

重心，在自然光照下金刚龛光影明亮，而门窗的空间尽在暗影中，二者的对比鲜明，更突出了门窗的深处。可以说，第 1 窟外观布置得当，主次分明，窟内以南壁［插图一、四］为佳，仅中心柱稍有欠缺，但从整体上看不失为巩县石窟寺中的上品。第 4 窟外观立面构图简明紧凑，金刚像不凿龛可说是此窟外观构图的要点［插图二］。第3窟的外观与第4窟相同，两窟之间恰可容一金刚像，此两窟的外观应是雕饰相同的两个并列的壁面。此窟的中心柱构图为各窟之冠，而第4窟的中心柱和第5窟的外观［插图二、四］，构图上的缺陷尤为突出。

巩县石窟的构图形式是否受到题材上的制约呢？我们知道，各窟的主体都是来自《法华经》中的三世佛和千佛。现以第1、3、4窟为例，考察一下其构图与题材的关系。各窟中心柱位于全窟中央，进窟门首先看到中心柱的南面［插图四］。柱上四面雕凿出全窟最大的龛像，在全窟中占有最突出的位置，龛内雕最主要的题材三世佛。东、西、北三个壁面仅占次要位置［插图五］，因此次要的题材千佛就雕在这三个壁面上。进窟门后反身才能看到南壁，其位置在全窟中是最不显著的，因此供养行列的像均雕在此壁面上［插图三］。

插图四　第1、3、4窟中心柱南面图

第1窟在巩县石窟中规模最大，高、宽各达6米。在这大面积的墙面上，如果也用第3窟的构图，全壁均雕千佛，就不免减弱雕刻的兴趣并单调乏味，因此采用了上段雕千佛、下段并列凿四个大龛的形式［插图五］。龛内重复三佛，

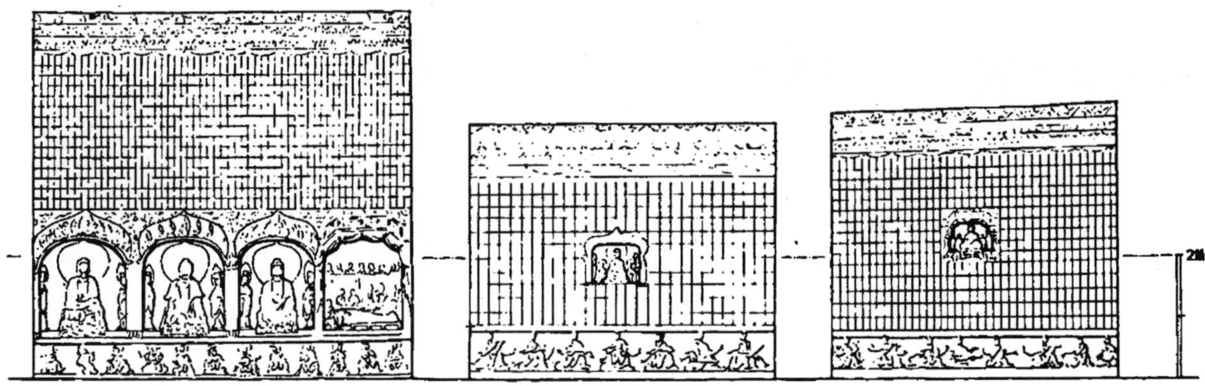

插图五　第1、3、4窟西壁立面图

是对中心柱上主题的加强。另一方面，假设第 3、4 窟均凿大龛，由于龛的高度应适于观赏，因此不能低于第 1 窟大龛的高度。但这些窟的高度没有第 1 窟大，龛上部所余空间不多，只能雕两三排千佛，这样，不仅全壁各部分比例不当，而且千佛题材的效果也不能充分发挥出来。所以，它只能用满壁雕千佛龛、中心雕一略大的主龛的形式［插图五］。此外，第 3、4 窟的窟形、大小、壁面构图基本相同，只是第 4 窟高度略大，因而中心柱的构图非用上下龛的形式不可，即在中心柱每面各增加一个辅助题材。

由此可知，各窟壁面的布置，主要是出于对构图形式的考虑，并非着重对题材的考虑。所谓题材内容决定形式并非是绝对的。巩县石窟寺每一窟作为一个完整的整体雕刻创作，是由当时的经济力量、技术、石质材料以及窟形、规模、题材、构图、雕刻技巧和时代风格等各种因素所决定的。这些因素又是相互影响、密切联系的，不可能仅由题材决定构图，也不可能仅由题材决定窟形。从雕刻艺术的观点上看，构图是关键，因为它直接影响艺术效果。

综观各窟雕刻之构成，可以看出每一窟在开凿前都曾有过周密的思考和设计，诸如窟形、规模、外观立面、窟内壁面、中心柱、平棊及地面等。各窟外壁及窟内各壁都有明确的构图重心，而迎面对门的中心柱佛龛，又成为全窟的重心。因此，可以说，各窟从窟外到窟内的雕刻浑然形成一个巨大的雕刻创作整体。巩县石窟寺雕刻构图的另一个重要特点即是着重各种雕刻形式的配合，充分利用自然光照所产生的明暗阴影来突出主题。如各窟雕刻的总体构图，是由若干个大小、形状、内容都各不相同的小面积构图组合成大规模的构图。这种总体构图之所以获得良好的艺术效果，除了一般构图惯用的比例、对称、权衡等手段外，还特别注意每一小面积或壁面上每一部分所采用的雕刻形式的效果，即利用各种雕刻形式的不同技巧所产生的立体感来加强突出主题的效果，因此它是长、宽、深三个方向的立体构图。它不同于只由长、宽平面构成的绘画，也区别于三度空间构成的建筑构图，在这里，每壁是一幅细致的相对独立的立体作品，全窟是一个统一的空间艺术创作。

巩县石窟寺的立体构图，已经进入成熟的阶段，每一窟都经过周密的思考和设计，组合成为具有鲜明风格的总体构图。这种大规模的应用各种雕刻形式作出的立体构图，是中国古代雕刻艺术发展史上重要的、成功的创造之一，应该大书特书。

一、巩县石窟寺雕像的构图特色

（一）龛内诸像

佛教造像多为成组的佛、菩萨等像，并有一定的排列形式，自应属群像的范畴。在石窟中此类造像均在龛内，龛即是造像的背景，故本文简称为龛像，以别于礼佛图一类的群像。

各窟龛像，除第1窟西壁最北一龛损坏过甚内容不明外，有两种构图形式。

第一种是普通的形式，即正中为佛坐像，左右侧近佛处各一尊弟子立像，稍远又各一尊菩萨立像，全组共五尊像，如第4窟西壁主龛［插图七之①］。也有不雕弟子像的，则全组为三尊像，如第4窟中心柱南面下层龛［插图七之②］。各像以尺度大小表示主次关系，佛像尺度最大，菩萨像次之，弟子像最小。所以它的构图原则是主像在正中，左右各像均衡对称，并以像的大小来突出主题。

这种构图是四平八稳的，并且不受五尊、三尊和龛的大小的制约。如第1窟各壁大龛，都是龛内凿成较低的坛座，三尊像或坐或立于坛上［插图七之③］，其构图较疏朗。而如第5窟东西壁两龛龛形较窄高，故加高龛内坛座以调整龛内雕像的空间，坛上共坐、立五尊像，构图较第1窟紧凑。又以坛座高，在座前面左右各浮雕一供养比丘［插图六，图版47（初版324）］。同一窟中的北壁，尽壁面长度凿成叠涩座［图版48（原图25、初版336）］，座前两侧各浮雕狮子、力神等。此龛较上述东西两龛增宽甚多，而叠涩座上亦只雕五尊像，构图极为疏朗。又如

插图六　第5窟壁面　龛平面、断面图

插图七之① 龛内诸像 第 4 窟西壁主龛

插图七之② 龛内诸像 第 4 窟中心柱南面下龛

插图七之③ 龛内诸像 第 1 窟北壁第 1 龛全景

插图七之④ 龛内诸像 第 3 窟中心柱南龛

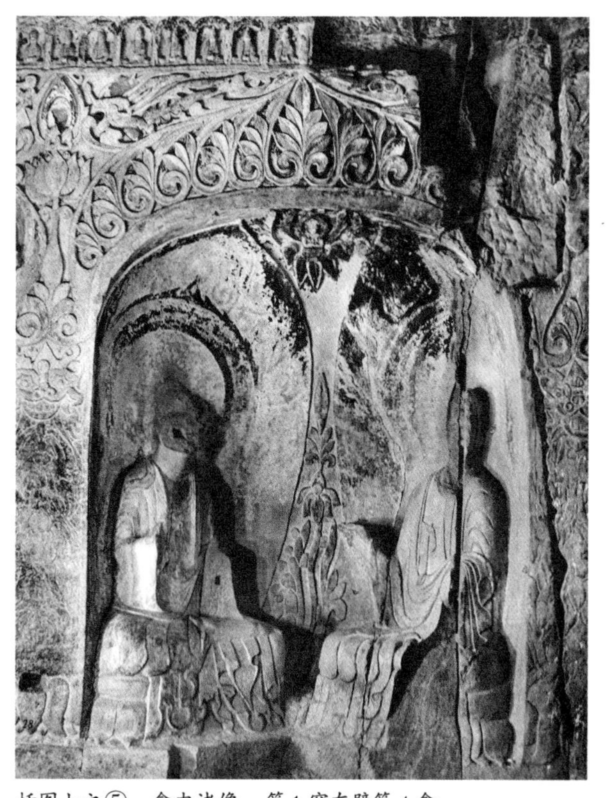
插图七之⑤ 龛内诸像 第1窟东壁第4龛

中心柱上各龛，因龛形均较高而凿成较高的叠涩座，座前左右或雕狮子，座上排列三或五尊像［插图七之②④］。至于第4窟南壁门上一小龛极宽而矮［插图七之⑥］，在龛内凿出两条立柱分为三间，是龛内构图唯一的特例，但也不过是将一龛分作三龛处理，其构图原则并无不同。

总之，这种构图原则，不但不受龛形高宽比例的变化及尊像多少的制约，反而使构图可以有各种细微的变化趣味，避免了千篇一律、过于单调的感觉。

第二种构图形式仅有三龛：第1窟东壁北端维摩、文殊龛［图版7（初版31）］及同壁南端［插图七之⑤］和第4窟中心柱西面下层［图版42（原图168、初版276）］的两个释迦多宝龛。此三龛的共同点是

插图七之⑥ 龛内诸像 第4窟南壁中部门上佛龛

每龛均有两个平行的相互竞争的主题，使构图极难处理。我们看到各龛均有两个大小相同的主像侧身相对而坐，两像各据一侧，龛中空无一物，从而分割了全龛的整体性。

其中维摩文殊龛［图版 8、9（原图 47、初版 35）］的文殊结跏趺坐于较高的莲座上，形态端庄，其两侧及头光后有浮雕弟子像；维摩坐于较低的莲座上，形态自由洒脱，背后平雕帷屏。两像对比尚略有轻重之分。第 4 窟释迦多宝两像距离较近，衣裾自座前垂覆于地面，交错叠压［图版 42（原图 168、初版 276）］，也略微加强了两像的联系，改善了构图分散的缺点。此两龛显示出创作者极力想弥缝构图缺点所做的努力，但终不能克服两个平行主题的竞争性。

龛身大致是两侧垂直，上缘为略成弧形的拱券而圆其两角。自两侧向内、自上缘向下，均逐渐凿入壁内，使龛内壁面的平面、断面均呈弧形［插图六］。而壁面上只用浅平雕及线刻雕出各像背光、头光的轮廓。除第 1 窟东壁第 3、4 龛［图版 10、11（原图 45、46，初版 32）］在佛、菩萨间的空隙处作平雕莲花装饰外，一般龛内壁面均不作其他装饰。至于第 1、4 窟中心柱上各龛，于佛背面之外、菩萨头光之上浮雕的飞天，由于紧靠龛的边缘，又是龛内阴影最暗的位置，并不影响整片壁面的平整。由此可证，使龛内壁面光滑平整是当时雕刻家的意图。

插图八　第 4 窟外壁小龛

这种龛的形式，在自然光照下龛内壁面呈现出自龛上缘向下、自龛侧向内，阴影由深暗至明亮的均匀转变。龛内各像都是圆雕，凸出壁面甚高，龛身的阴影几乎全都不致投射到雕像的身上，而成为雕像的背景［插图八］。这种背景明暗适度，光影柔和，富于变化，即使小如千佛小龛亦莫不如此，应当说这是一个巧妙的创造。龛内各像均靠龛壁雕造，依龛壁的弧形平面而变换方向，使各像自身的受光面各不相同。于是在平面、正立面上四平八稳的呆板构图，借助于圆雕凹凸的阴影变化，成为一幅活泼多变的立体构图。

龛身之外左右侧及上方均略凸起于壁面的浮雕或平雕装饰，其中龛身上方所雕龛楣券面是主要的雕饰。石窟寺所见龛楣，约有三种形式：

一为尖拱形龛楣，如第1窟东西壁各龛［插图五，图版12、13（原图7、49，初版48、51）］。券面雕忍冬、火焰或七佛，券脚向上翻卷与相邻券脚共成一忍冬叶。两龛间的壁面，下部雕覆莲表示柱础，其上柱面或作饕餮等纹饰。其他如第5窟东壁［图版46（初版319）］、第3窟西壁［插图五，图版31（原图109、初版131）］、第4窟北壁［图版37（原图159、初版242）］均略同，仅装饰图案各有变化，如券脚或作龙头或作涡纹等类。

二为五边形龛，券面分若干梯形、方形小格，格内或雕卷草等纹饰。沿龛楣之下又雕作垂幛，至龛两侧束起沿柱下垂。如第1窟北壁各龛［图版15、16（原图67、68，初版64、65）］、第4窟中心柱下层各龛［图版38（原图162、初版254）］、东西壁主龛［图版36（原图156、初版240）］、南壁门上小龛［插图七之⑥］及第5窟北壁均属此种形式，并各有纹饰繁简的变化。

三为垂幛形龛［插图四］，第1、3窟中心柱上各龛及第4窟中心柱上层各龛均属此种形式［图版21、33、39（原图75、118、163，初版92、145、255）］。以第3窟为例，券面凿成垂幛形，沿龛两侧下垂至龛脚，其上方两角或加浮雕飞天等。

龛楣等的雕刻，仅是龛身外缘的壁面装饰，如果将龛身比作一幅画面，外缘雕饰恰如画框。其雕饰的繁简和龛身尺度大小是成正比的，所以小如各窟中的千佛小龛，只用极浅的平雕作出券面的轮廓；大则如大龛，以较深的平雕作出各种图案纹饰，使龛外缘成为有规律的起伏均匀的边框，以与龛内光平的壁面形成鲜明的对比，从而突出龛内的雕像。

（二）礼佛图

礼佛图是巩县石窟寺中的优秀作品，即使在北魏以来的石窟雕刻中，也是不多见的。

第1、3窟原各有礼佛图六幅，第4窟原有八幅，均排列于窟内南壁窟门的两侧。现在第1窟六幅均存，仅略有残损，第3窟存两幅半，第4窟存五幅半，其中以第1窟各幅及第4窟西侧两幅雕刻最为精美，第3窟所存两幅半雕刻较次。各图都是用深浮雕，雕成面朝窟门方向前进的群像行列［插图九、一〇，图版4、5、28、35（原图143，初版17、26、27、114、115、116、203）］，由十余至二十余人像组成一幅横列，每列有窄面平直的边框。其构图以第1窟为例。

窟门东三列，从上第一列［插图九之①］：以比丘像为前导，比丘后雕一树，继后

插图九之①　礼佛图　第1窟南壁东侧第1列

插图九之②　礼佛图　第1窟南壁西侧第1列

插图一〇之① 礼佛图 第 4 窟南壁东侧第 4 列

插图一〇之② 礼佛图 第 4 窟南壁西侧第 2 列

各像分为三组。第一组共九像，最高大的一像头戴通天冠加冕旒，当为皇帝像，其余八像尺度略小，为侍从执事像。此八像作纵深布置，故后排各像尺度又略小于前排。可知这是依透视规律雕刻的，但有意地提高了透视的灭点，使后排像不致被前排像掩蔽过多。继后两组布置大致相同，仅侍从等减至六像。诸组主像之上均雕有羽葆。

从上第二列：起首略有残损，据上下列推测，亦应以比丘像为前导，继后各像共分五组，每组除主像外各有侍从像三。最下列布置与上两列同，但每组主像外，仅有侍从像二。依第一列皇帝像推测，其以下各列各组主像应依次为太子、王公等贵族及重臣。

门西三幅从上第一列［插图九之②］仅以比丘为前导（或应为比丘尼），以下雕像分三组，每组立像戴莲花冠（或菩萨冠）。第一组主像前后共有侍女像六，次二组主像外各有侍女像五，而全列最后另有二侍女像，首尾又各雕一树。从上第二列布置同上一列，但共分四组，每组除主像外侍女像各四。最下一列残损约三分之一，估计亦分四组，布置如上一列，但尾末无树，每组主像外各有侍女像二。上述第一列与东面第一列皇帝像相对照，其主像自应为皇后像，后两组及以下两列主像依次应为公主妃嫔等像。

此种群像构图初看似觉平淡，但细看始知其中颇具匠心。这些人像仍以传统的方法——用尺度大小表示主从，但大小差别不如佛、菩萨像那样悬殊，只是从像略小于主像而已。为了表示远近的透视效果又略有微细的差别，各列中每一组的主像也依次略有尺度大小的差别。全列既表现为向一个方向前进，绝大多数人像都是面向窟门，其中偶有一两个像反身向后，以及各像的姿态、动作各有细致的变化，创造出每幅画面在静穆中寓生动的气氛，静观细赏，引人入胜，并无呆板之感。羽葆等物偶有突出边框之处，却增加了全幅的生动气氛［插图九之①］，这是细致的处理手法。

人物众多的各幅构图，可由各像的主从、羽葆等物的配合等关系，分若干组区别出来［插图九之②］。人物少的各列构图，分组明显［插图一〇之①］。各组人物的配列虽有细微的差别，但形式基本相同，所以一列中的各组基本是均衡的，并无明显的轻重区别。但各组的配合，并没有令人感到全幅构图有分裂为几个主题的缺陷。这是由于前后上下各组具有连续统一的韵律感，犹如一幅展开的长卷画面，而它们又都统一于一个要点——朝一个方向前进的方向性。更有趣的是，当我们观赏窟门一侧的雕刻内容时，几乎不自觉地急于去看另一侧的内容。可见这种构图是经过通盘考虑的，它具有较高的艺术吸引力。试将门两侧两列雕刻并列起来看［插图九］，互相呼应的关系极为密切，更易体会构图的巧妙。

各列雕刻中的人像高度，最高约占画面总高的 2／3 至 3／4，人像之上的天空如何处理，在雕刻艺术中可能是一个难题。但在这里却看到了利用仪仗中的羽葆——伞盖、圆形及铲形羽扇等物，圆满地、轻而易举地解决了这个难题。由此还可以理解各列首尾所雕树木，也具有与羽葆相同的作用。

一般说，佛教造像的构图，采取主像居中、左右对称均衡的形式，这是四平八稳的构图，无懈可击，所产生的效果是肃穆庄严。至于以尺度大小分主从，则是一种对比的手法，尤其在佛教造像中，特别夸大了大小的对比，也仅是宗教造像运用这种过分的夸大，才不致令人产生不正常之感。所以礼佛图虽也有尺度的对比，但仍近于正常尺度，没有过分夸大。

石窟中的造像，全部分布在壁面上，每一组像各有其主题内容，需要给予一定的构图范围，使与其他造像有明显的区分。另一方面又要在彼此之间有构图的联系，用龛是达到此目的的最简明的方法。特别是利用这种龛形，使龛内壁面产生的阴影成为烘托造像的背景，这是经过长期创作实践总结出的处理方法，在中国古代雕刻艺术史中，是一项重大的创造。

雕刻群像的构图素称难事，如前文所述，这些礼佛图的造诣应属上乘，在古代雕刻艺术史中也是应予珍视的。

二、巩县石窟寺雕像的式样

我国古代艺术的人物造型，重在神似不在形似。以雕刻论，面相神情，含蓄至深，余味隽永，但并不全依赖于肌体刻画，所以不同于西方艺术。石窟等人物多种多样，今以佛、菩萨、礼佛图为重点，试作如下分析。

（一）比例及形态

佛像大多为坐像，面貌方圆，削肩长颈，结跏端坐，衣裾下垂覆于座前，无一例外。尤其头微前倾，双目下视，沉静慈祥，微带笑容中又略有神秘感。垂覆于座前的富于装饰性的衣纹，具有强烈的艺术感染力［插图七、一一］，最引人注目。坐像权衡适当，一般头高与全高（结跏趺坐）比约为 1∶4，仅第 1 窟中心柱龛内各像头稍大，约为 1∶3.5［插图一一］，或为雕刻家作风不同之故。

佛立像极少，第 1 窟外大立佛［图版 2、3（原图 2、35，初版 12、14）］下部残损较

插图一一之①　坐佛像　第1窟中心柱北面

插图一一之②　坐佛像　第1窟中心柱东面

甚，约计头高与全高之比为1∶5.5。第5窟两浮雕立佛［插图一二］则约为1∶6。各像均正面端立，头面形态亦如坐像。衣裾前露两足，两侧微向外张，如魏碑书法之撇捺，刚劲有力。

佛两侧弟子像比例约1∶5.5至1∶6之间，其姿态近于立佛，头微前倾，双目下视［插图七之④］。

菩萨全为立像，其比例在1∶5.5至1∶6之间，加以颈长、肩窄，更觉头大身短［插图一三］，其中尤以第1窟东壁第3龛［插图一三之④］、第4窟中心柱东龛［插图一三之⑤］为甚。菩萨体形一般均直立而腰微转侧，略具动意；头面姿容沉静，微笑略同于佛，但少神秘感；衣裾飘带下垂亦与立佛相近，

插图一二　立佛像　第5窟南壁东侧

褶纹多为平行曲线，直下至脚，折叠层次不多，两侧张开。

各窟龛楣、平棊、藻井上浮雕飞天，均同一形态。如第5窟藻井的飞天［插图一四之②，图版50～53（原图206、208，初版344、346）］，着桃尖形领圈贴体薄衣，不雕褶纹，颇似裸身。飘带自头后绕至两肩前，翻过腋下向后飘扬。衣裙极长，自小腿翻转绕足，如鸟翅飞舞。头身侧转向前，眼平视，自腰腹以下向上折曲几乎达到90度，产生强烈的飞翔感。面像亦多方圆，唯面形瘦长，下颌较尖，在石窟寺中少见。又第5窟东西壁龛外壁脚，浮雕跪坐于莲花上的飞天［插图一四之③］，飘带及缠绕足上的衣裾仍向上飞舞，似刚降落地面，构思新颖，亦为石窟寺中罕见。

金刚像仅第1、4、5窟数躯，其头、身比例约在1∶4.5至1∶5之间，头大肩宽，体形粗壮，表现勇武有力之体形。肩斜，一腿着力，一腿弯起前趋，表现动的形态。服饰略如菩萨像。

礼佛图中诸像均为世俗装扮，多作侧立姿态，身躯比例较瘦长［插图九、一〇］。第

插图一三之①　菩萨立像　第1窟北壁第1龛

插图一三之②　菩萨立像　第1窟中心柱南面

插图一三之③　菩萨立像　第3窟西壁主龛

插图一三之④　菩萨立像　第1窟东壁第3龛

插图一三之⑤　菩萨立像　第4窟中心柱东面

1窟主像约为1∶6，第3窟为1∶6.5，第4窟为1∶6至1∶6.5，其中少数几个主像仍略感头大。此等像无论男女主从，一律挺腹拱背，应为当时贵族生活习惯的常态。其服饰仪仗也应是写实之作，是研究当时舆服的形象资料。礼佛图用简练概括的表现手法，记录了当时统治阶级生活的一个侧面。这些形象不再是佛、菩萨的固定面貌和服饰衣纹，但在领口袖口仍着重施加平行曲线，以与佛、菩萨的衣饰保持统一的式样。

插图一四之① 飞天 第3窟中心柱南面

综合上述各种现象，大致可归纳为：

1. 立像身躯权衡比例，以金刚像最短，次为弟子、菩萨、佛等像，世俗人像较长。似加大头

插图一四之② 飞天 第5窟平棊

插图一四之③ 飞天 第5窟西壁

部亦为当时艺术表现手法之一。头大、颈长、身材短是巩县石窟寺佛教造像中立像的显著特点，虽有程度的不同，却是这一时期的特征。

2. 静是石窟寺造像的主调。无论坐像、立像均头向前倾，双目下视，口角微笑。除菩萨像腰身微作转侧、金刚像略具动态外，其他各像皆身躯端正。这种体态，产生了重心向下的感觉，从而加强了体态的稳定、沉静。礼佛图群像实际仍是静止的体态，它所以能使人产生向前行进的感觉，不是由各个像的动作形态产生的，而是由于全图行列的气氛、方向性所引起的联想，可以说寓动于静、静中见动，是创作者的巧思。只有飞天确是动态，又在大多数静态的雕像对比中，更加强了飞腾的效果。

3. 衣纹韵律。单独一个像的韵律，产生于一定的躯体形态，又借助衣纹装饰予以强调。如前所述，雕像重心向下，衣裾下垂微开，都赋予“力”的感觉，加强了体态的稳定沉静，使全窟获得韵律感。不仅如此，更为重要的是，表现体态的衣纹雕刻处处充满了线条的趣味。这些有一定组合形式而又千变万化的衣裾褶纹，完全是利用光影明暗、光线投射角与雕像受光面——逆光或反光，产生各种深浅粗细的线条表现出来的，从而大大加强了雕像的韵律感。线条的艺术处理手法，是我国古代艺术的优良传统，而运用一定的雕刻技法，造成多变的线条，应是我国雕刻艺术发展史上一项重要的创造。

插图一五之①　本尊头像　第3窟中心柱南面

（二）面貌

佛、菩萨面容基本相同，只有艺术水平高下之分。第3窟中心柱南面本尊［插图一五之①］，可视为石窟寺的标准头像。上方、下圆、额宽、下颌较长，脸颊下颌圆润，眼位置于头横轴中线上，五官布置较紧密，如童年人面貌权衡。耳长至腮下，略表双耳垂肩之意；鼻梁窄、鼻翼宽肥，唇薄，嘴角微弯略呈笑意。其他如第4窟中心柱南面本尊［插图七之②］、第5窟南壁东立佛［插图一五之③］、第1窟东壁第1龛的维摩像［插图一五之⑥］等也莫不如此，是为普遍的笑容。现存头像中雕刻最精美的作品，当推第1窟中心柱东面弥勒佛［插图一五之④］，而同一龛中的菩萨脸型，五官权衡更近于童年面貌［插图一五之⑤］。

插图一五之②　本尊头像　第4窟中心柱西面

插图一五之③　本尊头像　第5窟南壁东侧

插图一五之④　本尊头像　第1窟中心柱东面

插图一五之⑤　菩萨头像　第1窟中心柱东面

插图一五之⑥　维摩头像　第1窟东壁第1龛

插图一五之⑦　礼佛图主像　第1窟南壁东侧

除上述标准头像外，也有如第1窟北壁第1龛本尊［插图七之③］、第4窟中心柱西面多宝佛［插图一五之②］，脸型微长而额短，五官位置较疏朗，权衡近于成年人。第5窟藻井及第3窟中心柱南面龛楣上飞天［插图一四之①②］，脸型特长，眉眼间距离大，鼻长，下颌尖长，似应出于雕刻者个人的审美观和表现取向。但是如第1窟东壁第3龛［插图一三之④］及第4窟中心柱东面下层龛［插图一三之⑤］，龛内菩萨脸型过方，嘴小，颌短而尖，颇乏美感，或系雕刻者的艺术水平较低。

礼佛图中群像面貌则各异其趣，如第1窟东侧上一列［插图九之①］。三个主像面貌各不相同：第一个主像脸型较方，颧骨较高；第二个主像脸型圆润，鼻尖嘴小［插图一五之⑦］；第三个主像面容肥胖，均与佛像迥然不同。而主像、从像与前导的比丘像，也各不相同。所以佛、菩萨等的面貌是程式化的定型像，而礼佛图中各像则吸取现实生活中的形象居多，更富于写实成分。

清晰明确的轮廓，是面貌雕刻技法的要点［插图一六］。眉骨如新月的弯线与鼻根相接直下，成明显的锐角线，鼻梁成狭窄的平面，使光滑的呈弧面的额部与鼻梁平连。眉、眼、唇都有明确的锐角分界线，以至颈部上下也是一圈锐角线。这种雕法，虽然也具有线的形式，但其效果是使脸上各部分——额、眉、眼、鼻、唇——相连接处都有明确的分界，即使在窟内较暗的光线下，也可看出脸部的分明轮廓。

沉静的面容，是形成石窟寺雕像风格的又一要点。而这种沉静的面容，又多得自双目下视的形态，可见眼的雕刻技法至为重要。在这里，眼有两种雕法：一种是习见的，即写实雕法，只占少数；另一种是较普遍的雕法，只雕出眼的大轮廓，成为一个长圆形、两头尖的凸起的眼包，其中部有一条锐角线以区分上下眼睑［插图一六］。

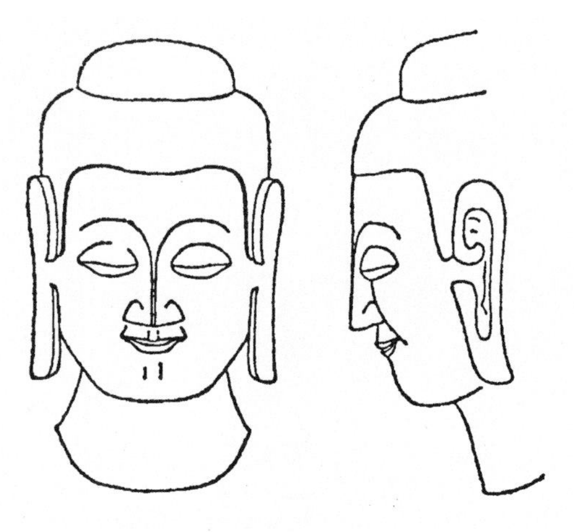

插图一六　佛像头部容貌

请看第1窟中心柱东面本尊头像［插图一五之④］，其头像后龛壁上、两肩及颈下平雕的饰带和佩饰，雕刻得那样精细，而眼仍雕成一个凸包，可见这种雕法应出于高度的艺术概括。就其效果看，在窟内一般光线下，均给人以双目微张下视的感觉，有助于取得沉静安详的神态，是成功的创作。这种雕刻技法，在巩县石窟寺以外，仅见于龙门第 14 窟本尊，其时代在神龟、正光间（公元 518—525 年），是与石窟寺属于同一时期的作品。可知这是这一时期的新创造，盛行于巩县。而在此时期以后，无论在何处石窟中，都绝未再见此种雕法，可谓空前绝后，在我国雕刻艺术史中是一个值得重视的现象。

（三）衣纹

前已述及衣纹以线的趣味，富于装饰性，加强了造像的韵律感。这些衣纹的图案变化甚多，以下垂的衣裾为例，略去其细微的变化，大致可归纳为一种立像衣纹形式和五种坐像衣纹形式。

立像衣纹，都是在衣裾下垂至足面后，再斜向两侧重重叠压张开，以叠压的层次多少区分繁简。如第 1 窟北壁第 1 龛内菩萨［插图一三之①、一七之①］、第 4 窟中心柱东面下层龛内菩萨［插图一三之⑤、一七之②］以及第 3、4 窟西壁主龛内菩萨［插图一三之③，图版 36（原图 156、初版 240）］，均为较繁密的形式。第 4 窟中心柱北面下层龛内菩萨［插图一七之③］为最简的形式，几乎只具轮廓而已。又如礼佛图中的比丘像衣纹较繁密［插图九］，同是第 1 窟东壁维摩文殊龛内的比丘［插图一七之④，图版 8（原图 47）］，也简化到只有大的轮廓。

坐像衣纹变化较多，仅以下垂覆于座前的衣纹论，可分为五种形式：

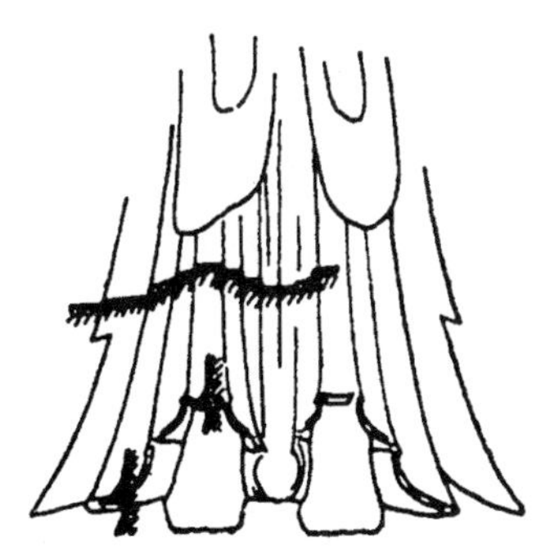

插图一七之①　菩萨立像衣纹　第 1 窟北壁第 1 龛

插图一七之②　菩萨立像衣纹　第 4 窟中心柱东面下龛

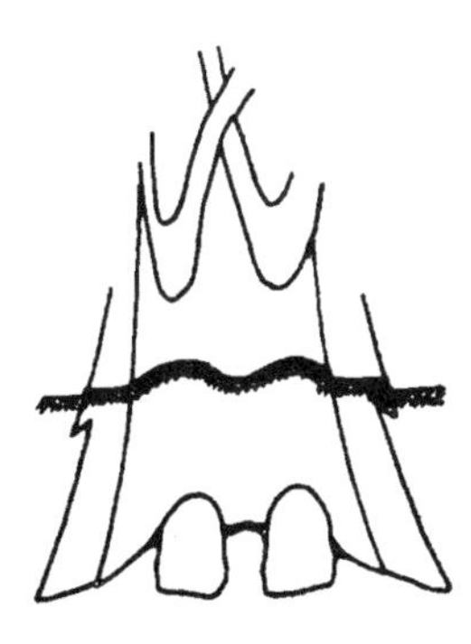

插图一七之③　菩萨立像衣纹　第 4 窟中心柱北面下龛

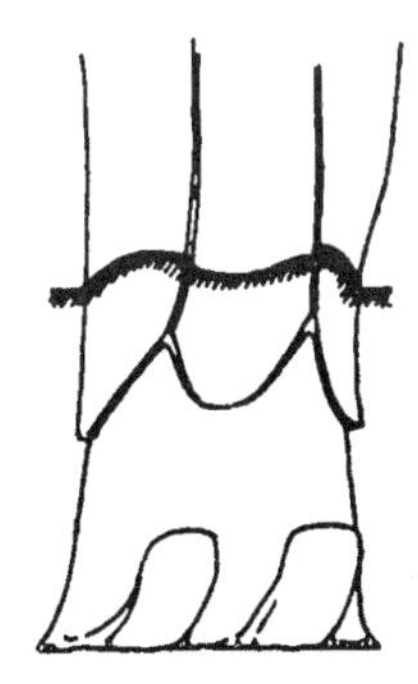

插图一七之④　比丘立像衣纹　第 1 窟东壁第 1 龛

第一种如第 1 窟北壁第 1 龛［插图七之③、一八之③］，衣纹较规则，直线较多，层次分明，每层的下边大体齐平。

第二种如第 4 窟中心柱东面下层龛［插图一八之⑤，图版 40（原图 167、初版 262）］，亦层次分明而简练，下边向两侧逐渐下斜，略如立像下边两侧张开之状。

第三种如第 3 窟北壁主龛［插图一八之④，图版 32（初版 138）］，两侧亦略张开，但下边较齐平。全部衣纹直线较少，曲线的趣味较多。下缘起伏曲折较大，层次不甚分明，但布置均匀。

第四种为最多见的形式，以第 3 窟中心柱南面龛为例［插图七之④、一八之②］，衣纹曲线转折较大，中部略向上提起，下边大致齐平，略具曲折。当中有较明显的分界线，可辨认衣裾分为左右两片。而全部衣纹布置欠均匀，稍感零乱。

第五种仅见于第 4 窟西壁主龛［插图七之①、一八之①］，衣纹较密，转折活泼，每一层次的下边全由反复曲折的曲线组成，有如波浪形，颇具流动的趣味。

这些坐像的衣纹也有繁简之别，如第 4 窟西壁主龛是最繁的一例，而第 3 窟北壁主龛、中心柱东西龛及第 5 窟东龛［图版 46（初版 319）］，都是较简的布置。

此外如礼佛图各像衣纹，第 1 窟较繁［图版 4、6（初版 17、28）］，第 3 窟较简［图版 29（原图 13、初版 117）］。伎乐天第 1 窟西壁［图版 14（初版 57、58）］的较繁，第 3 窟南壁的较简［图版 27、30（原图 104，初版 113、119、120）］。从全体看此等雕像的衣纹又简于佛、菩萨等像，可见衣纹繁简又兼有突出重点的作用。但从雕刻效果看，衣纹繁侧重于线的韵律趣味，衣纹简则侧重于体量的趣味。

衣纹的刻法，大多刀锋直下，使每个重叠处截然成为高低不同的平面，其断面如梯级形，现已习惯称为平刀或形容为阶梯形衣纹［插图一七、一八］。这种刀法是刚劲的，线条是流畅的，其效果是全部衣纹均由明确的线条组成，与面容的用锐角线条刻出明确的轮廓，实属同一趣味。

平刀衣纹，是北魏初期雕刻技法上的一大创造，为北魏一代的传统技法，直到巩县石窟寺仍是普遍应用的刀法。不过在巩县石窟寺雕刻中，已有酝酿新技法的迹象：在刀法上，出现了刀锋斜下的偏锋和表面雕成弧面的圆刀；在衣纹形式上，表现为出现几种细节的变化。联系各种迹象，可以对其发展过程做出如下推测：

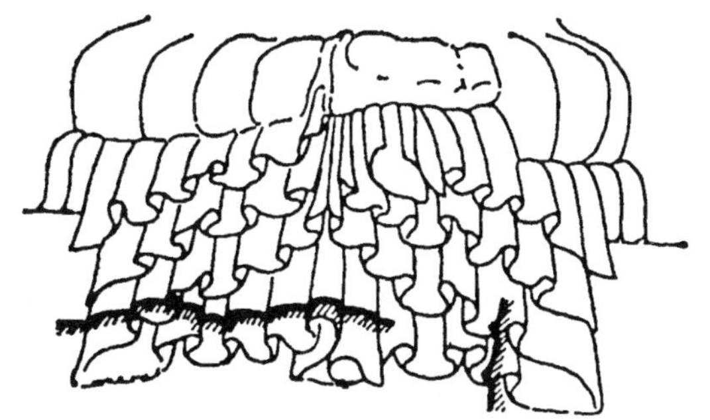

插图一八之①　坐佛衣纹　第 4 窟西壁主龛

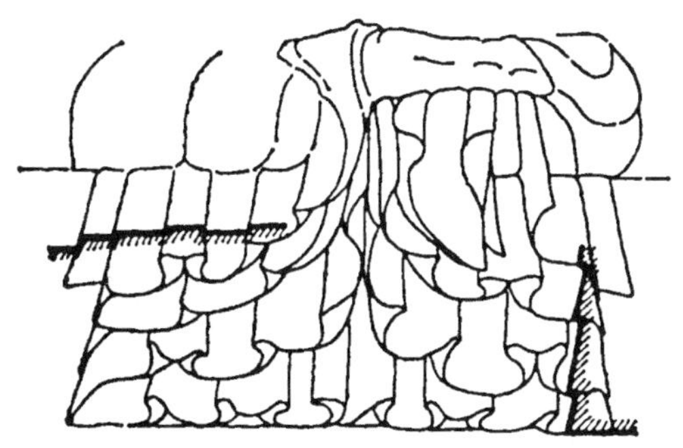

插图一八之②　坐佛衣纹　第 3 窟中心柱南面

插图一八之③　坐佛衣纹　第 1 窟北壁主龛

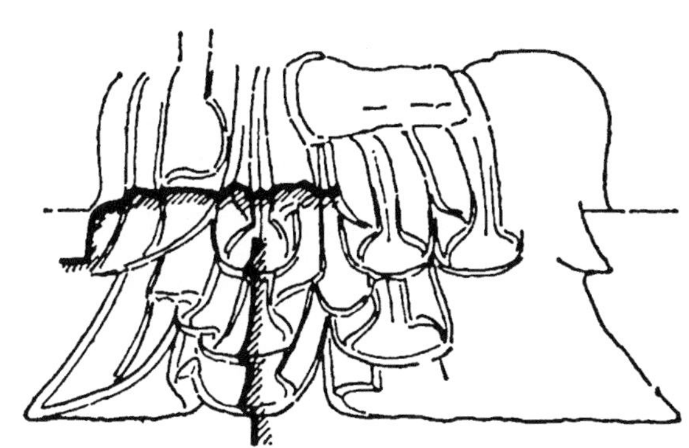

插图一八之④　坐佛衣纹　第 3 窟北壁主龛

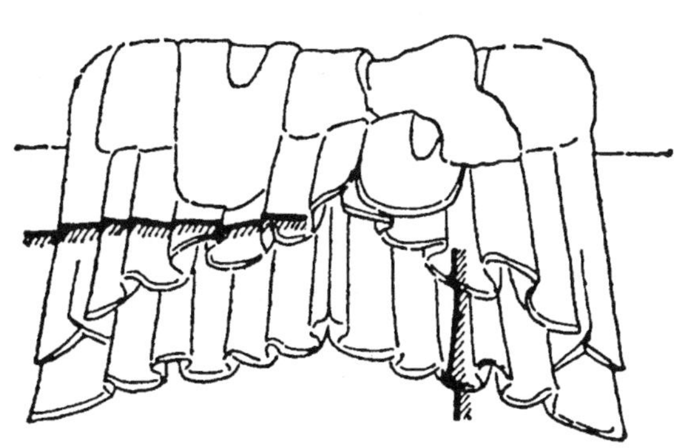

插图一八之⑤　坐佛衣纹　第 4 窟中心柱东面下龛

如插图一七之②、一八之②③，均属平刀，是巩县石窟寺中普遍的雕法。但其下边折叠翻转处所形成的小三角形，已不是平面而是弧面。显然是由于反复重叠层次多，每一层都雕成平面，必然会导致某一层过厚，而失去“衣”的实感，雕成弧面是最简便的处理方法。所以，严格地说，在巩县石窟寺，实质上已经没有完全使用平刀的作品了。

如上所述，可知问题产生于坐像的下垂的衣纹，主要是如何处理层层覆压、每层左右折叠的下部边缘。上述技法是最简便的技法，还不是最理想的技法。随后，这下面的边缘出现了双线的形式，如插图一七之①、一八之⑤所示，可以说是前述方法的进一步发展，开始改变刀法，偏锋斜下，并略微划削边线的上面，于是下面边缘的断面成为略凸起的小尖角，而呈现出双线的形式。

这一改变，对于处理下边横向的曲折衣纹的边缘较为理想，但与竖向的衣纹的交接转变，仍不够理想。于是又产生了如插图一八之④的方法——全部用偏锋刀法，其结果是出现全部衣纹均呈双线的效果。（但第 3 窟中心柱西面、北面本尊的衣纹，虽亦为双线，却是图案的变化，不是刀法改变。）然而，这是过分的雕凿，看起来既显得不自然，又破坏了衣纹图案的优美韵律。所以最后改用圆刀，全部衣纹的表面都雕成弧面，如插图一八之①的形式。虽然是小弧面，但是已经突破了平刀的老传统，对嗣后衣纹雕刻技法作出了新的启示。

综上所述，可见佛、菩萨等宗教造像，从体形、面貌到衣纹，都具有一定的程式。这种造像在石窟寺的全部造像中已居主导的地位，无论坐立都有固定的模式，又都是处理成静态的，由此而形成了肃穆庄严的气氛。它们的面貌是经过长期的实践塑造出来的典型。各部权衡、五官位置近似童年人，这也许就是慈祥、神秘感的由来。而从伎乐、神王到礼佛图的体态面貌，则写实的成分逐步增多，以区别于佛、菩萨等宗教造像。

面貌、衣纹是形成北魏风格的两大要点，在这里无论是佛、菩萨还是世俗人像，所有面貌都予人以沉静的感受，即使飞舞翱翔的飞天也莫不如此。正是这种肃穆沉静、余韵无穷的神情使人百看不厌。衣纹既是装饰性的，有固定的形式，又富于细节的变化，线条丰富，韵味深厚，不仅增加了造像自身的韵律感，而且在能匠妙手之下还能使全龛更富于生动气氛。如第 4 窟西壁主龛［插图七之①］，正是本尊的流畅衣纹，才使整龛顿增活力。

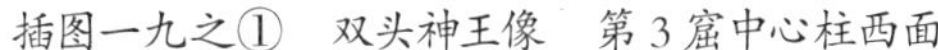

插图一九之①　双头神王像　第 3 窟中心柱西面

插图一九之②　双头神王像　第 4 窟中心柱西面

程式化的雕刻，并没有使艺术家受到局限。试看各像面容，虽然都是略呈微笑，但这笑容在各种细腻的雕刻手法下，并不雷同。又如衣纹虽大致可别为六种形式，而每一种也都有细节的差别。这些细致的区别，也可认为是当时不同雕刻家的个人作风。

此外还有几个突破程式的创作。如第 3 窟中心柱基座上西面的双头人像［插图一九之①］，并不令人感到是一身两头的奇形怪状，而是两个紧紧偎依在一起的神王，雕刻处理十分自然而恰当，充分显示出雕刻家的艺术巧思和高超技法。第 4 窟中心柱基座西面上，同一主题的双头像［插图一九之②］，效果不如此像，可见雕刻者的艺术水平有高下之分。又如第 4 窟中心柱西面下层释迦多宝龛［图版 42（原图 168、初版 276）］，两像侧面对坐，里侧衣裾互相压叠至座下，覆盖于地面，也是巧妙的构思，而衣纹流利舒展，更极尽雕刻技法之能事。

程式化应是由既定的思想内容即宗教的思想要求所逐渐形成的，在一定程度上制约了雕刻家创作才能的发挥，但也不能完全束缚雕刻家的创作才能。因此，在特定的命题下，就显示出了他们的创造智慧和艺术水平。

结论：巩县石窟寺雕刻的源和流

北魏早期的石窟雕刻，始于云冈昙曜五窟（第16至20窟）。此五窟造像尺度高大，而窟内空间局促，雕像似置于牢笼中，从雕刻艺术的布局看，是一个大缺陷。从雕像本身来看，比例不当［插图二〇］，肩宽逾矩，身躯上长下短，体态僵硬，面貌呆板，缺乏神韵。衣纹多作贴体平行曲线，平雕凸起加线刻。大抵草创之初取法于中印度的雕刻形式，例如衣纹显然受秣菟罗的湿褶纹的影响，并以传统手法表现之，以致有生硬滞重之感。但作为一代之前奏，在中国雕刻艺术史上开创了新的途径。其所以历受赞赏，则在于“真容巨壮”“雕饰奇伟”“冠于一世”耳。

自昙曜五窟之后，即融会贯通于传统雕刻之中而开始放出异彩，成为我国雕刻艺术史上划时代的创新时期，其时在孝文帝初年至迁都洛阳以前（公元471—494年），自第5窟至第13窟均成于此二十余年间（其余诸窟或与龙门或与巩县同一时期）。凡此诸窟窟内雕像，身躯比例适当，体态自然，脸型略长，面呈微笑，亲切动人，富于活力。衣纹始见阶梯形平刀刀法，着重线条的装饰趣味，有优美的韵律感，主像衣裾下垂，雕成两侧张开、形如鸟翅的尖角，势如迎风倾立，飘然欲动。如第6窟后室东壁立佛［插图二一之①］、第13窟南壁七佛［插图二一之②］、第5窟后室门西菩萨［插图二一之③］等，均可称此时期之代表作。虽然初创时期的余风尚间有留存，如第13窟明窗东侧菩萨像［插图

插图二〇　云冈石窟第20窟

插图二一之① 立佛像 云冈石窟第6窟东壁

插图二一之② 七佛之一 云冈石窟第13窟南壁

插图二一之③ 菩萨立像 云冈石窟第5窟后室

插图二一之④ 菩萨立像 云冈石窟第13窟明窗东侧

二一之④］即其一例，但面容圆润，异国情调亦已减弱，则是不难看出的。

上述特点，即是云冈雕像最美、最感人之处，从此成为北魏一代雕刻风格的基调。继后的龙门、巩县虽稍有变革，如体态由略具动态变为静态，面容由微笑渐趋稍具笑意的神秘神情，并逐步变为中国人的脸型，下垂衣纹张开的强劲之势逐渐减弱等等，但终未超出此基调。细微区别，则大抵云冈初创，时有新意，多粗放刚劲，锋芒毕露，表现为明朗的气氛；而龙门、巩县秉承成法，渐趋老练细致，锋芒减退。如宾阳洞已现敦厚的气氛，沿至巩县乃成沉静的气氛，其形式并有程式化的趋向。

云冈第 5 至 13 窟明显的不足之处，即缺乏整体构图的观念，不善于利用各种雕刻形式的对比手法来突出主题内容。所以我们进入窟内，虽感美不胜收，目不暇给，但难辨轻重主次，有无所适从之感。这正是由于满壁雕刻，大小丛集，边饰、龛楣、佛像背光等等装饰图案往往过于深雕细刻，结果是与主要雕刻互相干扰，或着意于殿堂等建筑形象的雕刻，致使建筑与造像雕刻相争，形成喧宾夺主之势。

龙门石窟虽创始于太和十八年迁都以前，但迁都洛阳以后至正光年间（公元 494—525 年）始为北魏雕刻的主要时期。其所完成的大窟则仅宾阳中洞一窟。此窟前与云冈第 5 至 13 窟相接，后与巩县诸窟相连，为北魏中期的雕刻代表作。此外如石窟寺洞、莲花洞等均完成于宾阳中洞之后，已与巩县石窟寺属同一阶段的创作。

宾阳中洞的雕刻，继云冈之后，有两项重大的发展。其一是极力克服云冈的缺点，将全窟作为一组主次分明的有机整体，从外观到窟内作出了计划周密的构图。窟前不用窟廊，只在门外壁左右各雕刻金刚像，作出了以雕刻特征为主的外观形式。窟内不用中心柱，又改善了窟内空间局促的环境。窟内雕刻的布局，显然是经过认真考虑的，如正侧三面巨大的圆雕三佛主次分明［插图二二］；窟门内两侧浮雕细腻、雅致；佛背光、窟顶各种雕刻形式，深浅配合适当；窟内空间尺度的比例，更迎合观赏者的视角。我们到宾阳洞就如同走进了一个大型雕刻艺术馆，站立在浮雕精致的“地毯”上，可以尽情地欣赏那上下四方的雕刻。这是宾阳洞中最引人入胜之处，它是北魏一代最完美的雕刻创作之一。可以说，巩县石窟寺的构图，就是在这个基础上的继续发展。

其次是创造了一种极薄的浅浮雕形式，即窟门内两侧的浮雕帝后礼佛图［插图二三之①］。毫无疑问，这是传统的平雕形式的新发展。这种高超精细的手法，令人叹为观

插图二二之① 龙门石窟 宾阳中洞南壁

插图二二之② 龙门石窟 宾阳中洞西壁

插图二三之① 礼佛图浅浮雕 龙门石窟 宾阳中洞

插图二三之② 佛传图浅浮雕 龙门石窟 莲花洞小龛

止，其最成功之处，就在于它“薄”而充分表达出雕刻的体积和层次。这种浮雕在宾阳中洞以后诸窟中曾盛行一时，其中以莲花洞的龛楣及龛内壁面为佳［插图二三之②］，但终较礼佛图略逊一筹。可惜巩县石窟寺因石质疏松，未能继续运用、发展这种薄浮雕，但礼佛图的布局显然为巩县所取法。

巩县石窟寺雕刻，远法云冈，近尊龙门宾阳中洞。除上述各项变革外，尚有三大发展。

其一，继承龙门宾阳中洞，更为充分地展现了雕刻构图的艺术效果，第 1 窟是最好的例证。恰巧三处石窟中各有一个布局相仿的石窟。最早是云冈第 19 窟，它用一个主窟、两个子窟的形式，将主题内容分别容纳在三个石窟中。虽然主窟较大、子窟较小，有主次之别，但显然没有整体构图的观念，分为三窟终不免有割裂主题内容之弊。其次，即前述龙门宾阳中洞，不再赘述。第三即是巩县第 1 窟，此窟以崖层疏松不能凿大窟，而且必须有中心柱，以防崖层崩塌，于是以主窟为中心，在窟外崖面左右另凿大立佛龛，使全窟外观成为一个整体大构图，主次分明，重点突出，将宾阳中洞的构图原则推展到窟外，而没有固着于宾阳洞的形式。至于有中心柱的各窟窟内壁面，亦均有适当的布局构图。而第 3、4 窟的外观构图，则以宾阳中洞为蓝本而更加简练，并且成为此后石窟外观的标准形式。如天龙山、响堂山等北齐、隋代石窟，多为此种形式，直至唐代许多小石塔的塔门，仍以此式为法。

其二，发展了龛像的构图，借以发挥出雕像的艺术效果。凿龛造像早已习见于云冈，但云冈窟内诸龛造像尺度过大，所余龛壁壁面狭小，不能起雕刻背景的作用，加以龛外雕饰凹凸过大，干扰龛内造像，难分主次。至龙门时，如古阳洞、莲花洞等窟内小龛，改变了龛和像的比例，使龛内有较宽阔的壁面，可惜在龛壁上满布浮雕，破坏了龛壁所起的背景作用，龛内雕像仍不够突出。巩县石窟寺着意改进，使龛壁基本成为光平的壁面，充分发挥了龛壁的背景作用，获得了龛内雕像的最佳艺术效果。

其三，佛坐像衣裾垂覆于座前的形式及衣纹图案，始见于龙门宾阳中洞本尊像，这时已为巩县石窟寺所广泛应用，发展出丰富多彩的图案布置，增强了全窟造像的韵律感。此种坐像衣纹图案盛行于北魏熙平（公元 516—518 年）以后，以迄于东西魏，为北朝后期造像之重要特征。而衣裾垂覆座前的形式，远至唐宋，尚经久不衰。

在艺术发展的过程中，技术的简化与艺术的概括是互为因果的。据巩县的具体现象，似乎是始于技术的简化，导出艺术概括的结果。如前所举各例中的第4窟中心柱北面下层佛龛内胁侍菩萨［图版43（原图170、初版264）］、第1窟东壁第1龛内比丘［插图一七之④］等，不难体会出简化了衣纹雕饰，就必定降低线的装饰化的干扰，从而突出了圆的体形的感觉——概括。这恰巧是北魏以后东西魏、北齐、北周四十余年间雕刻风格的主要表现。而刀法的各种变化为嗣后种种变革，如变平雕为圆雕，变图案化、装饰化为体形的概括，变以平行线为主的衣纹为间以各种横向曲线的衣纹等等，创造了技术条件。

我们已经熟知北魏以后至北齐雕像，其特征是面容汉化，衣纹简练，坐像间用横向褶纹，身躯直立如圆柱体。这后一点最为重要，从巩县石窟所见简化技法后的雕像已略现端倪，直至隋代雕像，虽增加了新型装饰，但身躯总轮廓仍略如圆柱体。其间的演化过程，在巩县、龙门的后代小龛中就不乏旁证。

窟内壁面后代所雕小龛，正以其小而更需简化。如第5窟外第189龛［插图二四之①］作于西魏大统二年（公元536年）、第4窟外第130龛［插图二四之②］作于东魏天平四年（公元537年），龛虽极小，但雕刻创作是认真的。衣纹简化后，坐像的腿膝、形体显然突出，而菩萨形体已极近于柱状的浑圆体。又如龙门莲花洞内南壁下层小龛［插图二四之③］作于北齐天保八年（公元557年），龛内主像下垂衣纹的中间及两侧，尚略具北魏直线下垂的遗风，但其他部分已处理成横向的曲线纹。主像两侧的弟子、菩萨像，身躯已略如上大下小的柱状

插图二四之①　巩县第5窟外第189龛　西魏

插图二四之② 巩县第4窟外第130龛 东魏

插图二四之③ 龙门莲花洞南壁小龛 北齐

插图二四之④ 巩县第2窟东壁小龛 东魏

体，则为北齐雕像的一般标准的形式。

最后，还应特别指出，巩县第2窟东壁一小龛［插图二四之④］，虽然缺乏确切的纪年，但断为紧接北魏诸窟以后的东魏作品是恰当的，其雕刻如此精美，为诸小龛中所少见。从主像的面貌、腿部、下垂衣纹的中间褶纹以及座下狮子等，都还保有浓重的北魏风格；而下垂衣纹的横向曲线、简化成圆柱形身躯的菩萨，则均已呈现出北齐习见的特征。

综上所论，巩县石窟寺既反映着北魏一代雕刻艺术发展的脉络和最后成就，又已孕育着北齐乃至隋代雕刻艺术的萌蘖。因此，它在中国古代雕刻艺术发展史上所处的地位，是十分重要的。

（原载文物出版社《中国石窟·巩县石窟寺》）

图 版

图版 1　二十世纪六十年代初第 1、2 窟外景（初版 2）

图版 2　第 1 窟外壁东侧全景（原图 2、初版 12）

图版 3　第 1 窟外壁东侧大佛像局部（原图 35、初版 14）

图版 4　第 1 窟南壁东侧礼佛图全景（初版 17）

图版 5a　第 1 窟南壁西侧上层礼佛图（初版 26）

图版 5b　第 1 窟南壁西侧中层礼佛图（初版 27）

图版 6　第 1 窟南壁西侧上层礼佛图局部（初版 28）

图版 7　第 1 窟东壁第 1、2 龛全景（初版 31）

图版 8　第 1 窟东壁第 1 龛文殊像（原图 47）

图版 9　第 1 窟东壁第 1 龛维摩诘像（初版 35）

图版 10　第 1 窟东壁第 3、4 龛全景（初版 32）

图版 11a　第 1 窟东壁第 3 龛全景（原图 45）

图版 11b　第 1 窟东壁第 4 龛全景（原图 46）

图版 12a　第 1 窟西壁第 2 龛全景（初版 48）

图版 12c　第 1 窟西壁第 2 龛龛楣及上部之千佛（原图 7）

图版 12b　第 1 窟西壁第 2 龛龛楣　七佛及飞天（初版 51）

图版 13　第 1 窟东壁第 3、4 龛龛楣雕饰　相邻券脚组成忍冬草纹（原图 49）

图版 14a　第 1 窟西壁壁脚伎乐人像第 1 躯（初版 57）

图版 14b　第 1 窟西壁壁脚伎乐人像第 3 躯（初版 58）

图版 15　第 1 窟北壁第 1、2 龛全景（原图 67、初版 64）

图版 16　第 1 窟北壁第 3、4 龛全景（原图 68、初版 65）

图版17　二十世纪六十年代第1窟中心柱南面全景（初版80）［批注：剥出。整理者按：似指本尊像留有大面积清代泥妆，为还原北魏原貌而应剥去。下同］

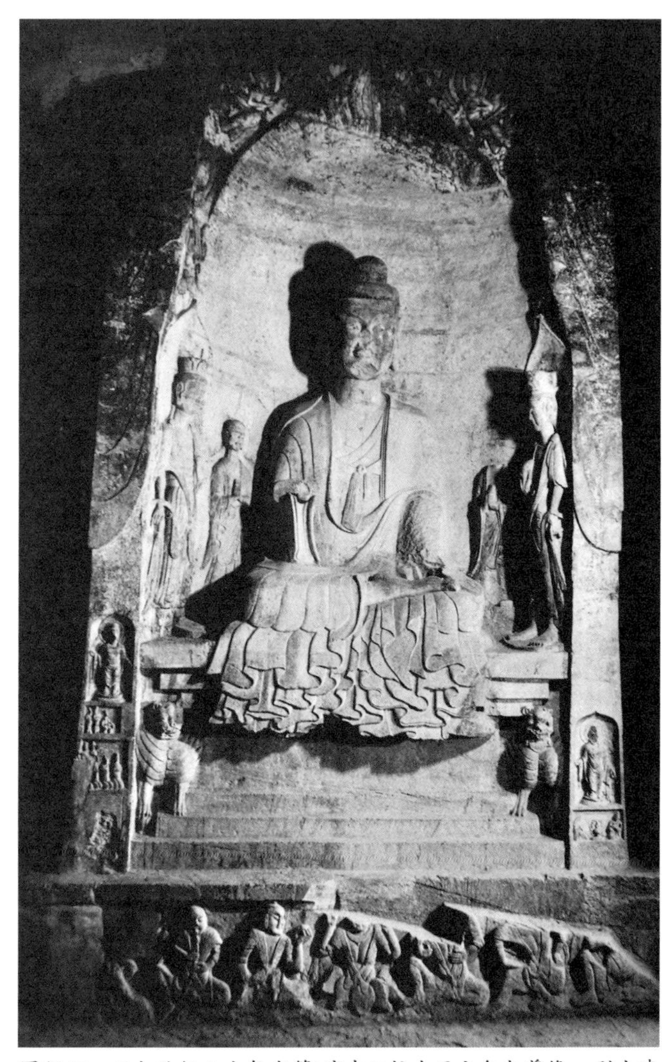

图版18　二十世纪八十年代第1窟中心柱南面主龛本尊像　剥去清代泥妆后的本来面貌（原图76）

图版19　二十世纪六十年代第1窟中心柱东面全景（初版86）［批注：剥出］

图版20a　二十世纪六十年代第1窟中心柱东面本尊像（初版87）［批注：剥出］

图版 20b　二十世纪八十年代第 1 窟中心柱东面本尊像剥去清代泥妆后的本来面貌（原图 80）

图版 21a　二十世纪六十年代第 1 窟中心柱西面及北面全景（初版 92）[批注：剥出]

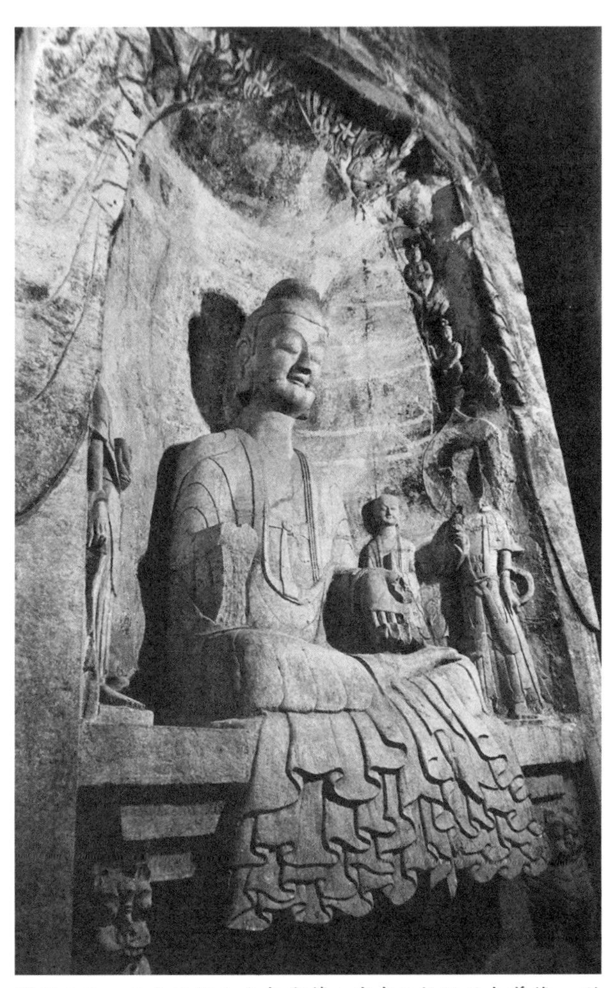

图版 21b　二十世纪八十年代第 1 窟中心柱西面本尊像　剥去清代泥妆后的本来面貌（原图 75）

图版22a　二十世纪六十年代第1窟中心柱北面本尊像（初版9）［批注：剥出］

图版22b　二十世纪八十年代第1窟中心柱北面本尊像　剥去清代泥妆后的本来面貌（原图89）

图版 23　第 1 窟平綦东北角（原图 93、初版 102）

图版 24　第 2 窟中心柱南面（初版 104）

图版 25a　第 2 窟西壁全景（初版 109）

图版 25b　第 2 窟东壁全景（原图 96）

图版 26　二十世纪六十年代初第 3、4、5 窟外景（初版 3）

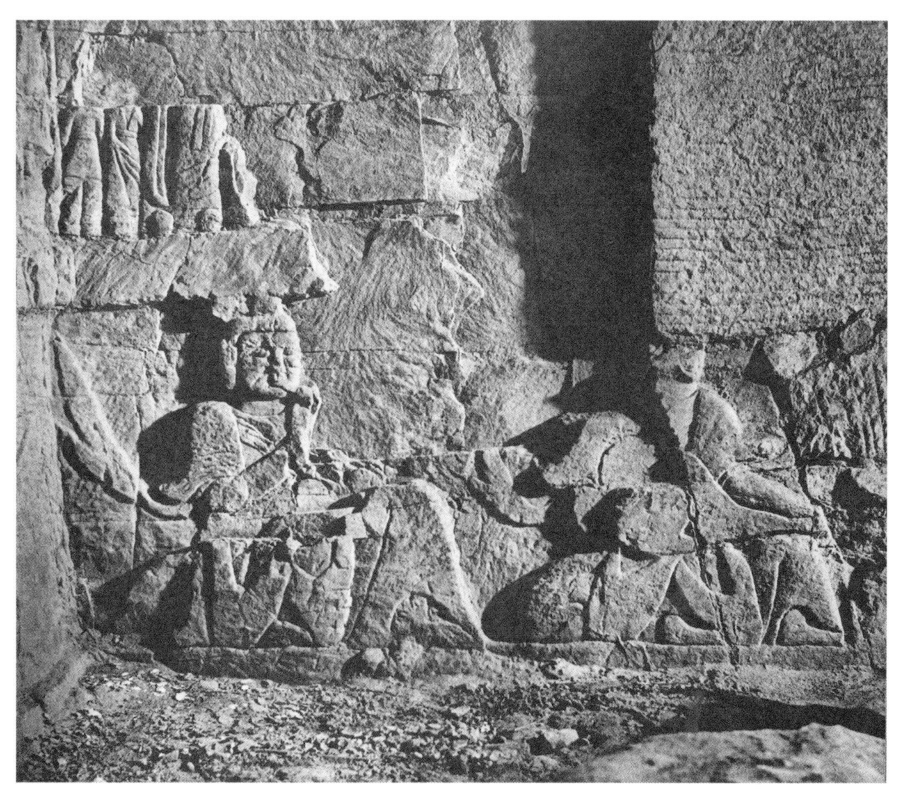

图版 27　第 3 窟南壁壁脚东侧伎乐人像第 1、2 躯（原图 104、初版 113）

图版 28a　第 3 窟南壁西侧礼佛图全景（初版 114）

图版 28b　第 3 窟南壁西侧礼佛图中层（初版 115）

图版 28c　第 3 窟南壁西侧礼佛图下层（初版 116）

图版 29　第 3 窟南壁西侧礼佛图中层（原图 13、初版 117）

图版 30a　第 3 窟南壁西部壁脚浮雕伎乐人像第 1 躯（初版 119）

图版 30b　第 3 窟南壁西部壁脚浮雕伎乐人像第 2 躯（初版 120）

图版 31　第 3 窟西壁佛龛龛楣雕饰（原图 109、初版 131）

图版 32　第 3 窟北壁主龛（初版 138）

图版 33　第 3 窟中心柱南面全景（原图 118、初版 145）

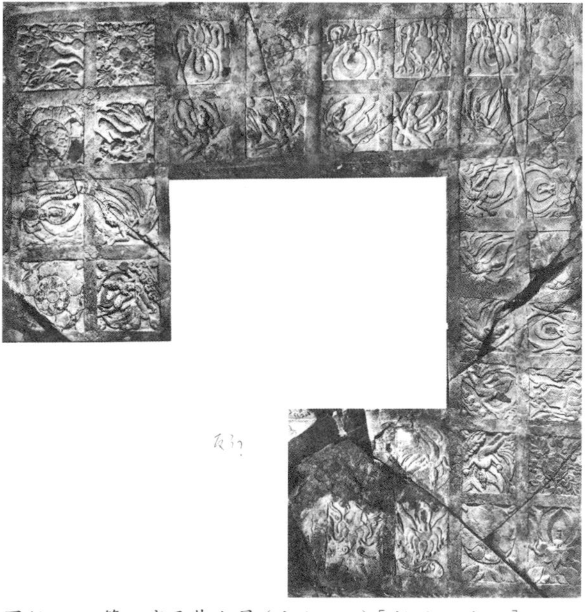

图版 34　第 3 窟平棊全景（初版 174）［批注：反了?］

图版 35　第 4 窟南壁东侧礼佛图全景（原图 143、初版 203 之右下半）

图版 37　第 4 窟北壁全景（原图 159、初版 242）

图版 36　第 4 窟西壁佛龛全景（原图 156、初版 240）

图版 38a 二十世纪六十年代第 4 窟中心柱南面全景（初版 254）

图版 38b 二十世纪八十年代第 4 窟中心柱南面全景 剥去清代泥妆后的本来面貌（原图 162）

图版 39a　二十世纪六十年代第 4 窟中心柱南面上层佛龛全景（初版 255）［批注：剥出］

图版 39b　二十世纪八十年代第 4 窟中心柱南面上层佛龛全景　剥去清代泥妆后的本来面貌（原图 163）

图版 40　第 4 窟中心柱东北面下层佛龛全景（原图 167、初版 262 左上半）

图版 41　第 4 窟中心柱西面上部（初版 274）[批注：剥出]

图版 42 第 4 窟中心柱西面下层佛龛释迦、多宝像（原图 168、初版 276）

图版 43 第 4 窟中心柱北面下层佛龛西侧胁侍菩萨像（原图 170、初版 264）

图版 44 第 4 窟平棊全景（初版 282）

图版 45 第 5 窟外景（初版 312）

图版 46　第 5 窟东壁全景（初版 319）

图版 47　第 5 窟西壁佛龛（初版 324）

图版 48a　第 5 窟北壁全景（初版 336）

图版 48b　二十世纪八十年代第 5 窟北壁全景（原图 25）

图版 49　第 5 窟藻井全景（初版 343）

图版 50　第 5 窟藻井南部西侧（原图 206）

图版 51　第 5 窟藻井西南角（初版 344）

图版 52 第 5 窟藻井东侧飞天（原图 208）

图版 53 第 5 窟藻井西北部飞天（初版 346）

图版 54 第 5 窟地面中心浮雕（初版 347）

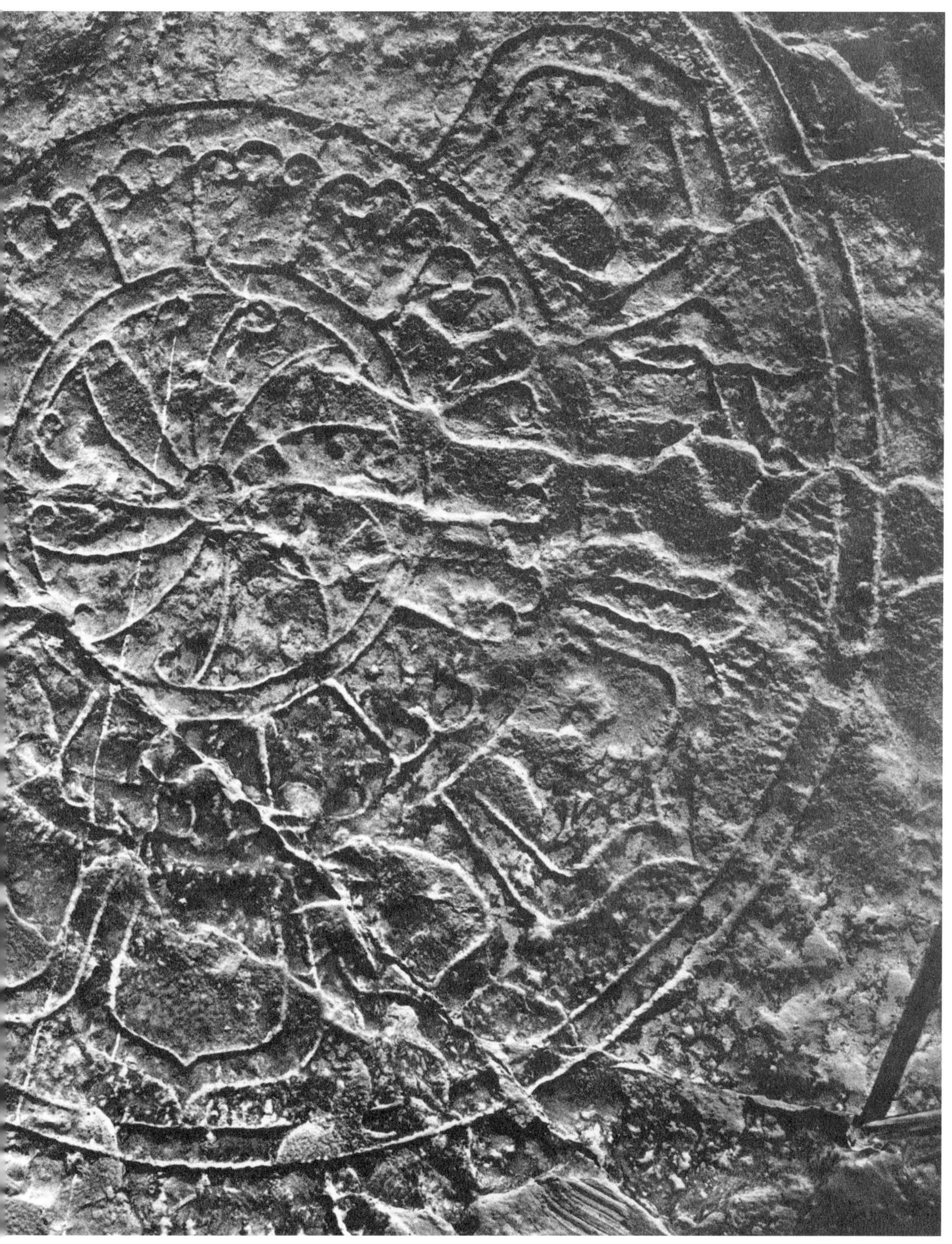

图版 55　第 5 窟外东侧千佛龛全景（原图 251）

图版 56　第 4 窟外东侧第 119 龛及其下方后魏孝文帝故希玄寺碑（原图 233）

北朝晚期的重要石窟艺术[①]

一、绪言

本卷所收的石窟雕刻，按时代先后起于北魏一代最后开凿的巩县石窟，止于隋开皇九年开凿的安阳灵泉寺大住圣窟。以地域论，自洛阳东北之巩县小平津大力山，转北至晋阳，复东南循滏水达东魏、北齐首都邺及其西南。此区域均为当时政治、宗教之中心地带，既有自东魏高欢专政时开始的天龙山石窟，又有高洋时开始、历北齐一代不断营造的鼓山石窟（实即北齐一代的帝王陵墓），至邺城西南一带又有当时高僧如道凭、僧稠、灵裕等参与开凿的灵泉寺地区诸小窟，均为石窟雕刻的精品，堪称此时期雕刻艺术的代表作。

兹先按地区，略述本卷所收各石窟概况如下。

巩县石窟　北魏于太和十八年（公元494年）迁都洛阳，继云冈石窟之后，于洛南伊阙开凿石窟。但因岩层坚硬，费功难就，仅完成宾阳中洞一窟，即下移就平。嗣后又改于嵩高太室之阴、洛水之阳的小平津附近另觅址开凿，这就是现存的巩县石窟。

巩县石窟原计划开凿五窟，其中第2窟初具窟形时即停工废弃，前后共完成了第1、3、4、5等四窟。大致是熙平二年（公元517年）开始开凿，正光四年（公元523年）完成第1窟及窟外的两个摩崖大龛；孝昌末（公元528年）完成第3、4窟；第5窟开始于永安二年（公元529年），时停时作，至永熙年间（公元532—534年）完成。诸窟外壁及第2窟内还有很多东魏、北齐及唐代雕刻的小龛。但各窟内雕刻残损过半，并

① 本篇系作者主编《中国美术全集·巩县天龙山响堂山安阳石窟雕刻》（雕塑编13）时所撰卷前论文，其中涉及巩县石窟寺部分的图照从简，相关内容请参阅本卷前二文。又原书图版共计215张，本卷选用其中的86张并重新编号，原编号附后，以便读者参阅。

大多失去头部，第 1、3、4 窟内前壁所雕礼佛图约损坏一半。1963 年文物出版社所出《巩县石窟寺》，是一本全面介绍巩县石窟实况的图册，可资参考。[1]

天龙山石窟 北魏末高欢于永熙元年（公元 532 年）自居晋阳，修建大丞相府，遥控洛阳，独揽军政大权。永熙三年（公元 534 年），高欢入洛，拥立元善见为东魏帝，迁都邺城，魏从此分为东、西。大致此时高欢即开始在晋阳开凿石窟，即现存的太原天龙山圣寿寺石窟。其地在今太原市南 15 公里，山分东、西二峰，东峰有八窟，西峰有十三窟，共二十一窟。其中第 1、2、3 窟，以往曾断为北齐窟，实应为东魏时所开凿。第 16 窟有北齐皇建元年（公元 560 年）纪年，第 8 窟有隋开皇四年（公元 584 年）纪年。在西峰东端有初唐时雕摩崖大像一组，是为第 9 窟；最高处弥勒大像，高八米，其下观音立像及文殊、普贤像各高五米。大像的双手、观音等头部均已残失。其余各窟均为唐代所开，最为精美，惜残损严重，几无一完整者。

南响堂山石窟、北响堂山石窟 今之响堂山古称鼓山，山南为滏水发源处。滏水东流出山进入平原，名滏口，为晋阳与邺城间往来必经之地，并有林泉之胜。相传高洋曾于此营别业，至高欢亡后（公元 547 年），更在此大开石窟，暗于窟中设置墓室。自此，鼓山成为北齐石窟集中之地，实即北齐诸帝陵墓。鼓山石窟在今河北省峰峰矿区内，又分南北两区。北响堂山石窟在今和村镇东 2.5 公里，依鼓山西麓北端开凿，有寺名常乐寺，故又名常乐寺石窟。今共存九窟，其中今编号第 1、2 两窟本为一窟，编号时误认为两窟（原注一）。第 5、8 两窟均为明代所开，第 6 窟于宋代康定二年（公元 1041 年）新修，第 9 窟为清代开凿。北齐所开仅第 2、4、7 三窟。

南响堂山石窟，旧名鼓山寺，今名响堂寺，在今彭城镇东约 1.5 公里，距北响堂约 15 公里，依鼓山南麓分上下两层开七窟。下层第 1、2 两窟为有中心柱大窟；上层五窟，以西端之第 7 窟规模最大，窟廊保存较完好；东端第 3 窟残损过甚，不存雕刻；中部第 4、5、6 窟窟外有窟廊痕迹，似原为一组。

南、北各窟内多有刻经，北响堂山第 2 窟外的北齐晋昌郡公唐邕书佛经刻石，在现知佛教石经中要早于房山石经四十余年，亦为书法及佛教史中重要文物。

---

[1] 参阅本卷《巩县石窟寺的雕凿年代及特点》全文及实测图、插图和《巩县石窟寺雕刻的风格及技巧》图版。

灵泉寺各石窟 在今河南安阳市西南约25公里有灵泉寺遗址（即北齐著名的宝山寺），寺在宝山东麓，东魏武定四年（公元546年）著名法师道凭所创建。道凭法师墓塔今尚完好，保存在寺西小岗上。环绕此寺遗址有五个小石窟。一是与此寺同时开凿的大留圣窟，在寺东岚峰山麓，窟内仅存三尊失头坐像，确属东魏式样。二是距灵泉寺址东南约5公里的小南海，有东、中、西三小窟。中窟门上有天保元年（公元550年）铭，当即开窟之年。西窟窟门雕饰极精。东窟内外均残损。中窟窟内各壁雕像间，于像背壁面浮雕背景，刀法细致奇妙，其艺术水平和雕刻技巧是本区域内的上品。三是在灵泉寺址西0.5公里处宝山南麓的大住圣窟，据铭记开于隋开皇九年（公元589年）。此窟窟门外两侧壁面神王像雕刻精巧，功力极高。窟内门侧壁面减地平鈒雕“世尊去世传法圣师”图，亦为石窟中稀见作品。

以上诸窟以巩县石窟创建于北魏熙平二年（公元517年）时代最早，而以灵泉寺大住圣窟创建于隋开皇九年（公元589年）为最晚。前后共七十余年，但经历了北魏、东魏、北齐、隋四个朝代。在石窟艺术史上，则包含了两个大阶段：巩县石窟起于公元517年，终于公元534年（即北魏分为东、西魏的那一年），属于前一阶段——北魏时期；紧随其后直至大住圣窟为后一阶段——北齐时期（包括东魏及隋初向唐代发展的过渡时期）。巩县石窟是前一阶段最后的创作，它仍保持北魏早期形式，即我们习称的：面呈微笑，褒衣博带，以平行折叠的线条、下垂如张翅的衣裾显示其力量及动态。此风自太和初创，历北魏一代，保持不变。梁思成先生誉其“富于力量，雕饰甚美……实为我国雕塑史中最重要发明之一，其影响于后世者极重”，又说“其作品之先后，往往可以其锋芒之刚柔而定之”。(原注二）后一阶段的北齐风格则大不相同。据梁思成先生的看法：“北齐雕刻，因地而异……然亦相去不远。其全身各部亦以管形为主，衣裳极紧，衣褶仅以线纹。头笨大，胸高肩阔，其倾向则上大下小……其韵律迟钝，手足笨重。轮廓无曲线，上下垂直。”(原注三）这种形式是与前期迥然不同的新形式，与前期相距最多十余年，绝非逐渐蜕变，而是骤然产生突变，且传播极快。是什么特殊力量促使它产生了突然的转变，是应予深入研究的重要课题。

此种新形式的传播迅速而广泛，似可归之于政、教的潜在势力。邺城在今临漳县，当时既是北齐的政治中心，又是全国佛教集中地之一。自邺城西北鼓山寺、常乐寺，向南经合水寺（修定寺），再南至云门寺、宝山寺（灵岩山），百余里间佛寺相望，名僧辈出。在政治和宗教的双重力量下，石窟雕刻必定汇集名匠大师，精雕细琢，流风所及，竞向政治中心地仿效。今存这一时期所建石窟、摩崖，如在山东云门、驼山、历城等处者以及河北、山西、陕西等地所出零散雕像，虽在细节、局部上有所差异，但其主导风格却是与响堂山石窟一致的，足见其传播的迅速、广泛，并反映出当时这种新形式是受到普遍欢迎的。

在此附带指出一事。灵泉寺东的岚峰山和寺西的宝山，沿山麓崖壁间开凿有大批僧尼墓塔，总数在二百以上。据塔上铭文，有隋代纪年者七座，其中最早为开皇九年，其余均为唐代纪年，为他处寺庙石窟所少见。可能正是受高欢以石窟为陵墓的影响，至隋初为附近僧尼所仿效。

现在治雕刻史者，已公认北齐石窟雕刻艺术是北魏向隋唐过渡的形式。从年代蝉联看，自不待言，其具体形式发展，则可由本卷一览无余。以下拟按北魏末期、东魏北齐初、北齐、北齐末隋初，分章叙述各窟雕刻内容。

二、巩县石窟

巩县石窟现存第1、3、4、5共四窟。它们是继龙门宾阳中洞之后的新创作，是北魏一代石窟雕刻艺术的最后成就。四个窟中前三个窟都是有中心柱的窟，第5窟是无中心柱的平顶窟。四个窟的艺术形式和风格大体相似，但刻工的精粗却显著不同。以第1窟最精细，第4窟较次，第3窟又稍差。第5窟似乎是在不同年代中陆续完成的，所以各部分雕刻之间和细节上稍有差别，加上北壁龛内又经后代增凿了一批小龛，更有零乱之感。但从总体看，仍然保持着如前所述的北魏基本风格，只是刚强之力较前期大为减弱，面容逐渐丰满，神秘感渐失而保持微笑俯视之慈善感。例如第1窟北壁第1龛各像［图版6（原图版12）］，第1、3、4窟中心柱上各龛本尊亦皆如是［图版7、8、10、13、17（原图版16、19、21、27、34）］。尤其第5窟藻井，那些沉静欢乐的飞天环绕莲花飞舞，造成一种轻松活泼而又文雅含蓄的气氛，使人神往［图版20（原图版74）］。更重要的是巩县石窟除了继承原有的形式、风格，还作出了创造性的新发展，是北魏后期对石窟艺术作出的新贡献。这种贡献大致可以归纳为如下三项。

一是雕刻的总体布局。这是一个多方面的问题，包括石窟外观立面、窟内形式这两项与建筑相联系的问题以及雕刻本身的构造。从窟形看，巩县石窟没有外廊，窟内多用中心柱（这主要是由崖层的性质决定的，始于云冈而为巩县所继承）。起初，在云冈多用中心柱窟形或更在窟前部作三间外廊。至龙门因崖层坚硬，工程艰巨，不须在窟内作中心柱，均已省去外廊。至巩县则崖层薄且疏松，在这种条件下，为坚固计，不能开外廊而必须用中心柱（第5窟因空间小未用中心柱，仍导致部分窟顶崩塌），这就使巩县石窟的外观立面及窟内布局，都呈现出全新的形式。[①]

第1窟的题材内容是三佛。恰巧在云冈、龙门都有同一内容的石窟，而采用不同的窟形。云冈第19窟是在一个大窟左右各另凿一较小的窟。龙门宾阳中洞是在一个高大的大窟中雕出当中坐佛和左右立佛三尊［插图一］。巩县第1窟则是凿一个有中心柱的主窟，安置三佛主尊，于窟外左右各凿一个宽6米多的大龛，安置左右各一佛二菩萨像［图版2（原图版2）］。这就使此窟外观立面成为宽26米、高8米的大构图。当中是窟门

插图一　龙门石窟宾阳中洞造像

① 此处附原插图六张，与本卷《巩县石窟寺雕刻的风格及技巧》所附插图一至六相似，在此从略。更详尽的相关资料可参阅本卷《巩县石窟寺的雕凿年代及特点》之“实测图”。

和门上的明窗，门两侧神王高与窟门相等，再外两侧大龛高 6 米，最上是高约 2 米的一条通长饰带，以飞天及卷草图案组成，使全窟外观成为对称宏伟的形象，这在石窟雕刻中是空前的创举。其他各窟外观均承袭龙门宾阳洞的形式，而加强其装饰性。例如，加强护法神王的勇武形象，加强门楣、门侧立柱、柱下狮子等细部的装饰性，力求突出这一主要出入口的吸引力［图版 2、3（原图版 2、3）］。

各窟窟内布局依空间大小而有所不同。三个有中心柱的窟，窟内四壁的构图是南壁窟门两侧的壁面分为上下三（或四）层雕礼佛图，其余三壁面据窟内尺度大小而异其构图。第 1 窟尺度大，壁面分为上下两部，下部均匀并列四大龛，上部满雕千佛小龛［图版 4、5（原图版 8、9）］。第 3、4 窟尺度小，壁面全部雕千佛小龛［图版 11、15（原图版 23、30）］，只在千佛龛中央位置作一较大的龛（约占二十至三十个千佛小龛的面积），作为全壁的主龛［图版 12、16（原图版 24、33）］。比例瘦长的中心柱（如第 4 窟）分作上下两龛［图版 17（原图版 34）］，较宽矮的中心柱每面只作一龛［图版 7（原图版 16）］。全窟各壁均于下面留出壁脚（中心柱下作柱座），上雕伎乐天、神王或异兽等题材；各壁或中心柱上端亦留出一条饰带，雕成化生、垂幛等图案。这上下两条雕饰使全窟构图取得统一的效果。

第 5 窟最小，故未用中心柱。窟内前壁门两侧各雕一立佛，其余三面各设一龛，内雕一佛五尊。方形平顶，中心雕大莲花，周围飞仙环绕。在四个窟中，此窟雕刻较粗糙。

最令人惊叹的是运用圆雕、高浮雕、浅浮雕、平雕、线雕等各种雕刻形式，作有计划的组合、安排。例如，龛内造像用圆雕，龛楣柱等用减地平鈒或浅浮雕，礼佛图用深浮雕等。利用雕刻本身产生的深浅阴影，造成作品各部分的层次及各种明暗对比和韵律。于是，全窟雕刻成为有计划、有深度的三向构图，雕刻趣味极为浓厚。这就克服了前期的杂乱、堆积而成的大缺点，使整个石窟成为一件极为庞大、整体有序的雕刻作品。

把雕刻形式应用到构图上，在龙门宾阳洞已开其端，但不显著。而巩县有了更大的发展，并为北齐所继承和推广，以后我们还要论及。

二是龛像发展及衣纹新形式。巩县各窟的龛像（礼佛图另见下文），多为一佛三尊或五尊，个别亦有维摩文殊、释迦多宝龛。龛内设须弥座或叠涩座，亦有较低的方形坛座，而很少用莲座。龛外尖拱形龛楣、楣脚、龛沿均有图案装饰，但只用减地平鈒雕法。龛内壁面大多无雕饰，仅以弧形龛壁所产生的由深渐浅的光影（光多由上左或右射来）为造像的背景，突出了龛内的圆雕主像。从整体看，较之龙门石窟龛内后壁用极华丽的浅浮雕装饰，更提高了一步，效果更好。

巩县石窟内的雕像形体，一般较前期身躯肥短，头稍大，面容亦较肥，但嘴小唇薄、沉静微笑仍如前期，只是人性加强、“佛”性减弱了。在眼睛的雕刻技法上出现了新的方法——只雕成一个突出的弧面，分不出上下眼睑界线，但在一定的光线下，具有上下眼睑的感觉，或有双眼下视的感觉，技法简易而效果极佳。如第 1 窟中心柱东面弥勒像［图版 9（原图版 20）］即为此雕法的典型。此种雕法以前曾见于龙门普泰洞本尊，但巩县使用较多［插图二］。

我们已经几次提到北魏太和初就创造出平行线组成的下垂张开如翅的衣纹。这衣

插图二　巩县石窟寺头像雕刻比较

纹很快就成为北魏雕像风格的一个主要因素，终魏一代不变，仅逐渐减弱其刚劲的强力。然而如此显赫的形式，竟有一个重大缺点，却未被人们所注意，即它不适宜使用于坐像。我们看到北魏早期石窟中，凡立像近旁有坐像龛时，常常产生立像过于突出、与坐像龛不协调之感。如云冈第 6、7、11、13 等窟均如此，尤以第 13 窟为甚。立像衣纹激动人心，而坐像默然无以相适应，两种衣纹不协调［插图三之①］。但古代雕刻家早就发现了这个问题，并且不断地致力于提高创新，终于到巩县石窟时期取得了成功，完善了坐像的衣纹形式。这种形式是袈裟覆过盘膝而坐的双腿，下垂直于须弥座前方。其垂下的衣裾长短、折叠反复成的图案，千变万化，每像不同，有繁有简。其势如行云流水，极线条运用之能事，造成丰富的韵律感，而与立像如翅而张的衣裾相映成趣［插图三之②］。

这种形式的衣纹处理，在云冈时期尚未出现，龙门宾阳中洞本尊似为初创形式之一，故较拘束，而古阳洞、莲花洞中小龛年代在神龟、正光间者已全属此式。细心考察，当不难窥见其蜕变过程。

我国古代雕刻及绘画艺术有一个共同点，作人像喜以最概括的方式表现其神情动作，只求形体的大轮廓能表达出动的趋势，而不要求表现其构造细节。在佛教雕像中，注重精神面貌——如慈悲、超脱等，以及有关教义的形式——如坐式、手印等，而不追求身体各部的结构，它们全部被服装的大轮廓掩藏着。至于衣纹，可以不表示，也可以极概括地用一两条衣纹表示。而前述北魏最受赞赏的立像衣纹和稍后的坐像衣纹，虽然是概括并几何化了的服装，实际应视为一种美化装饰。这衣纹可与中国山水画的皴法相比拟，既是描写

云冈第6窟立佛衣纹

云冈第6窟坐佛衣纹

插图三之①　云冈石窟造像雕刻衣纹

插图三之② 巩县石窟寺造像雕刻衣纹比较

山石的方法，又是对山石自然美的欣赏、概括、装饰化，并由此产生了山石画法的派别。可惜古代雕刻家没有分析衣纹的要点，总结成几种基本形式而命名为某某纹。但是现在如用此种方法分析古代作品，似乎也是有益的。

北魏前期完成了立像衣纹的创造，后期完成了坐像衣纹的创造，实在是对中国雕刻艺术的重要贡献。

三是创造了大场面的群像雕刻——礼佛图［插图四］。第1、3、4等三窟窟内南壁的窟门两侧，作高浮雕帝后礼佛图。男像在门东，女像在门西，面向窟门，分段分层排

第1窟南壁西侧礼佛图

第1窟南壁东侧礼佛图

插图四　巩县石窟寺礼佛图

列。如第1窟每边壁面最大宽仅200厘米，而全图共需雕五十余人，故分为上、中、下三（或四）层排列。每层高约60厘米，但第一层因伞盖等仪仗占据面积多，高达75厘米。若三层相继排列，则将成为长600厘米、高75厘米的大场面。第3、4窟略小于第1窟。第1窟雕刻最精，第4窟次之，第3窟又次之。

其排列顺序以第1窟东侧上层为例。西起以比丘一人为前导（西面各层以比丘尼为前导），以后全幅分为三组，每组主像一人，其前后各有侍从、执伞盖、持香炉等六至八人。各种人的身份地位以尺度高低表示，主像最高大，比丘次之，执事人等依次减小。中、下两层礼佛者亦以比丘为前导，以后分五组，每组前主像一人，其后侍从二或三人。此两层的人像较少，各组间隔较宽。虽然各层人像分组和多寡不等，但远近层次、透视均处理适当。人像高低不等所产生的天际线参差不齐，则由羽葆、伞盖等平衡。

全部人像基本是朝窟门一个方向前进——礼佛，使全部画面获得统一。其间偶有侍者回身递送献佛供品，从而突破了呆板的构图。这些人像既是礼佛，当然都表现出严肃的面容，但仍显示出不同特点，也略可区分老幼男女。而年轻的侍女，也不免微露憨态或淘气之状，如第1窟东侧第二层第二组主像后的侍女［图版18（原图版44）］，活跃了画面。又诸雕像最高仅60厘米，衣着只能雕出主要特征，不容精雕细琢，能表现出各像的面貌、年龄、男女已十分难能可贵，然而当时的雕刻家还要竭力增强作品的韵律和节奏——他们认真雕刻每一主像的衣袖，特别雕出衣裳的层次，使袖口有三四条重复的平行的曲线［图版19（原图版60）］。这些袖口的重叠曲线与人像躯体曲线、衣上的带饰互相协调，在一定的距离内出现，从而加重、突出全部构图的节奏，形成动人的韵律。

巩县石窟用高浮雕作出了尺度虽小而构图场面宏大的帝后礼佛图，这是古代雕刻作品中极少有的群像雕刻，而且艺术水平较高，是古代艺术品中的精品，在现存文物中是不可多得的。

在这里还要附带提出，礼佛图浮雕除了艺术上的贡献，还保存着历史上一些具体事物的形象，但限于本文范围，只能指出其性质，不能详论。所谓礼佛，亦即许多铭文中所说的“供养”。用什么“供养”？据雕刻中所见，每组中主像及侍从均执有供物，如莲花、莲蕾、灯炉，还有盘、盒等各种器物（其内盛何物则不详）。据礼佛图的场面也应是一种出行图，故随从者之人数、执事以及伞盖等仪仗，必与当时礼仪制度有关。雕刻中提供的实际情况，可供我们作进一步探讨。

最有趣最难得的形象资料，是当时上层人物的生活状态和服装。现在我们已经习惯于称北魏太和初出现的佛装为“褒衣博带”，创此说者认为当时僧服系取用汉、魏士大夫服饰形式，是佛教雕刻艺术汉化的表现。但在每一幅礼佛图中，都以比丘（或比丘尼）为前导，他们的服饰与所雕俗人的“褒衣博带”显著不同，如有兴趣研究僧服与俗服之异同，这实在是极难得到的资料。又如当时男女服装都以曳地为贵，史书多有记载，如《北齐书·李元忠传》记李元忠俭朴，“拥被对壶，庭室芜旷……因呼妻出，衣不曳地”。初不能理解衣如何曳地，今观礼佛图中不论男女衣裙曳地甚长，行动时专有侍女为牵捧衣裙，这才具体了解衣须曳地之真况，并惊异其浪费之荒谬程度。至于权贵们的形象，如弓背挺腹，实为有意做作，今日看来应属不健康的畸形。当然这是当时生活习惯、社会风气的反映，为研究社会生活历史提供了形象的资料。

北魏一代的石窟雕刻艺术，有强烈的感染力，使观赏者产生欣慰爽快之感而萦回脑际。它在中国古代雕刻中自成一派，以其独特的构图形式和流畅有力的刀法而高踞公元五世纪中至六世纪中的雕刻艺坛，为我们留下大量优秀作品。另外，巩县石窟寺各窟的外壁，后代人在空白处留下了许多补空的小作品。它们的年代最早有北魏普泰元年（公元 531 年），恰与巩县第 5 窟年代相衔接，以下东魏、西魏、北齐以迄唐代有三百龛左右，是一批难得的高超作品，令人非常钦佩。

这些小龛最小的高仅约 10 厘米，大的为数不多，最大也不过 60 至 70 厘米。为适应这个小尺度，必须使用精确熟练的技巧、更高的概括能力。有些小像几乎只是在总轮廓上略加一两条必要的刻画，就能表达出为当时所喜闻乐见的风貌。这些雕刻，往往还令人感觉到似乎是不经意的随手刻画。它们是雕刻中的“速写”，是最初始的创作，未加任何润色、修饰的底稿。这批作品对于治雕刻史者是最精练的时代风格的标准，对于雕刻创作者则是习作的导师。所以我们选择其中年代在唐以前、保存较完好的［图版 21、22（原图版 75、86）］，列入巩县石窟之内，以供参考。又天龙山石窟第 2、3 窟外，亦有后加小龛［图版 28（原图版 94）］，与此性质相同，并赘于此。

三、天龙山第1、2、3窟及安阳灵泉寺大留圣窟

太原天龙山石窟 此窟素称建于北齐，确切地说应是创建于东魏初高欢政权之下。时北魏分为东、西魏，高欢建丞相府于晋阳，总揽军政大权，建都于邺以居魏帝（公元534年）。其时应已创窟。安阳灵泉寺岚峰山大留圣窟，志称门侧有铭，曰“武定四年（公元546年）道凭法师建”。故此两窟建于北齐建国前四至十六年，是在东魏同一政权之下。

现存天龙山石窟中，向来认为北齐窟之第1、2、3窟，正是上述最初创建之窟，但无从确定其确切年代［插图五］。又第16窟曾有隋窟之说，而二十世纪五十年代一次勘查时在窟门外已极难辨认之原碑上，发现“皇建”二字隐约可辨，则肯定此窟为北齐所建无疑。按皇建仅二年，为公元560—561年。惜仅窟廊完好，雕像均残毁。此外除第8窟有隋代纪年外，其余各窟据残存片段皆可断为唐代作品，故不在本文探讨范围内。

天龙山第1、2、3窟［插图六］从雕像形态及衣纹看，尚保留北魏晚期遗范，但着

插图五 天龙山第1窟外景

力于美化，并创新窟形。现存第 1、16 窟，保存着较完整的外观形式。龙门、巩县早已不用的外廊，又予恢复使用，共有五窟凿有窟廊。但这些“新”的窟廊，已与云冈所见的早期窟廊不同。它们努力于建筑形式的准确，而不另加任何装饰［图版 30（原图版 99）］，简明地凿成三间两柱（第 1 窟两柱已失去）和柱上斗栱。可惜廊内券门、门楣、小立柱、门两侧原有金刚力士均已失去。

窟内方形平面，正面及左右壁下有低矮坛座，座上三壁各开一龛，龛内或雕一佛二菩萨，龛外壁面下有矮座，其上雕弟子及供养人；或龛内仅雕一佛，其余雕像均在龛外两侧矮座上。龛形似窟门，作尖拱形龛楣，仅楣脚略作装饰，楣面平整无饰。上作

插图六　天龙山第 3 窟正壁坐佛衣纹

插图七　天龙山第 1 窟内景

覆斗形窟顶，四斜面各浅雕一飞天，正中藻井浅雕莲花［插图七］。总之，窟内外除必要的雕像外，仅楣脚、窟顶稍加装饰，其他各处均极简洁，全窟内外清新静雅，更衬出主像之秀美，为前所未见。

上述情况，似乎表现出雕刻师的新观点——艺术第一。故只重主题造像，建筑只要求准确，尽量避免雕刻作品遭受其他干扰。也可以说在此以前石窟雕刻重在宗教意义，艺术为其次，现在力求颠倒过来。这一转变是非常重要的，它为唐代雕刻的高峰清除了思想上的障碍。可以从历史事实中看到石窟雕刻本是从佛教产生的，但现在转以追求雕刻艺术的美为目标。

天龙山石窟雕像以第2、3窟为例，其雕像体态、衣纹、服饰，大体仍为北魏风格的延续，仅面相异常秀美而无宗教气息，并有极强的感染力。凡来天龙山观赏者莫不同声赞叹［图版24、25（原图版89、90）］，可证当时雕刻师追求美的目标已取得良好的效果。

然而正是由于美，天龙山遭到了最惨的破坏。在中华人民共和国成立前，许多石窟都受到奸商、外国偷盗者的偷盗破坏，但破坏之惨烈彻底，则以天龙山为第一（请看图版31，此为破坏最轻的窟）。现在山西省文物保护部门请来一位雕刻家，试图以仿刻为补救之策，今已据旧存照片进行仿制，并已完成第2、3窟主像头部仿制品［图版24、25（原图版89、90）］，成绩斐然，堪与原作媲美。现已置于原窟供鉴赏，诚为对石窟艺术之一大贡献。

安阳灵泉寺大留圣窟 窟在寺东岚峰山麓，内外剥蚀甚巨［图版60、61（原图版175、176）］，壁面已无从辨认原有雕刻状况。窟内三面沿壁作低矮的基坛，墙脚雕神王，刀法草率，技艺一般［图版65（原图版180）］。坛上每面置叠涩座，上坐一佛，均失头缺手［图版62、64（原图版177、179）］。各佛身躯较肥，衣裳贴身较紧。所雕衣纹浅薄，已全无魏末巩县雕刻趣味，亦不再用巩县习见的坐像衣纹形式［插图八］。像背光用浅平雕，头光作极薄浮雕莲瓣。总之已完全不存北魏一代的传统的痕迹，成为另一种形式、风格，显示出嗣后习见的北齐雕刻的意向。故铭文所记作于武定四年（公元546年），是符合实际状况的。

上述两处石窟的雕刻特点，天龙山石窟尚保有北魏传统迹象，而安阳大留圣窟则已具北齐形式。前者创于公元534年，后者创于公元546年，前后相差十二年。一个仍继承前代形式，一个已抛弃了有七十余年历史的传统，另起炉灶。在两者之间又找不到中间形式，故可断定不是一般的逐步发展，而是由特定的条件引起了突变。

有些雕刻艺术史家，以四川所存梁代雕刻为据，断定北齐雕刻形式、风格系接受了南朝雕刻的影响。尤其二十世纪五十年代初期，在四川基建工程中发掘出大批梁、北周佛教雕像，此说更甚。但我以为南朝雕刻艺术应是东晋南迁由中原带去的、早于北魏的雕刻艺术。四川的雕刻艺术品中既有北周作品，可知是由关中地区直接传入的，而关中地区是北魏以前雕刻艺术发展的中心，也就是东晋南迁带去的雕刻艺术。这样看来，所谓北齐风格来自南朝的意义，也就是说，北齐风格实质上是来自早于北魏的固有传统。

插图八　安阳大留圣窟坐佛衣纹

我国的雕塑是艺术领域中创造最早的形式之一，至迟在商代青铜器中就可以看到辉煌的作品——尤其是那件青铜的人面，显示出高超的艺术水平。但是长期以来，我们只是经常看到大量的陶俑、木偶、陵墓前的石人石兽，而没有认真研究雕刻的艺术发展史，没有认真探讨古代雕刻艺术的理论及技巧。直到北魏时，佛教雕刻传入中国，并经拓跋族的积极发展，这才大吃一惊，叹为观止。近代研究雕刻史，几乎以北魏雕刻为最早的典型。而那些固有的雕刻虽然遭到不应有的冷遇，却仍默默地继续创作。我们看历代的墓葬、陵寝雕刻，直到清代，迄未停顿，但不受重视。1974年发现秦始皇陵兵马俑，又是大吃一惊，这才认识到原来秦代的雕塑艺术已发展到那样的高水平，从此我们的雕塑发展史应当从头改写了。北齐雕刻艺术难道不是抛弃了北魏定法，吸取了更早期的传统所作出的新创造吗？

所以，北齐雕刻艺术的新风格，应是由一批仍掌握着北魏以前的技巧、风格的雕刻匠师创造的。这类人才在当时各地区均有。他们平时以雕制陵墓石人、石兽、碑碣及其他工艺品为业，当北齐决定大规模开凿石窟陵墓时，就近征募而来。

四、南、北响堂山石窟及小南海三石窟

南、北响堂山共存十余窟，有些破坏严重的窟，今日不能详知其雕刻内容。本文以保存较好又重要者为重点，计有北响堂第2、4、7窟，南响堂第1、5、7窟。向来相传北响堂为高洋时所开，用为高欢陵墓；南响堂为后主高纬所营陵墓，但均语焉不详，又未曾详加勘查，实难肯定某窟为某人陵墓，亦从来未有过定论。

外观形式 南、北响堂山石窟最为突出者为凿有窟廊的塔形窟。窟廊多为三间两柱（应为三间四柱，因两边柱不明显又有剥蚀，故习称三间两柱）。阑额上斗栱较大，其上凿出檐，椽子、瓦垄均齐备。出檐瓦垄之上，更雕凿成四门塔形，则为他处所无。如南响堂第7窟，在窟廊出檐之上凿出覆钵、山花蕉叶、塔刹、宝珠等［图版53（原图版156、157）］。又如北响堂第1窟，凿覆钵及塔刹、宝珠等同上，并在覆钵正面凿门，其旁刻“弥勒佛、师子佛、明炎佛”等佛名，以及“十二部经”名［图版33、34（原图版106、107）］。北响堂第2窟亦有廊柱残迹，而前叙第1窟正在第2窟上方，其外观即上述为覆钵山花蕉叶，并有门可入，门外地上尚留有下层屋面痕迹（原注四）。窟内三面作龛，正中龛内双座，似为释迦多宝。故第1、2窟实合为一塔形窟，当时误编为两窟。

此外还有南响堂第4、5、6窟似为一组［图版49（原图版143）］，第4、5窟外残留窟廊痕迹，北响堂第4窟亦有外廊痕迹，但均难确定是否确有外廊，亦不能判断有廊之窟，廊檐以上是否均雕凿为塔形。

云冈、天龙山的窟廊虽是对建筑的模仿，但前者过分装饰化，外形堆砌［插图九］，后者如第16窟则致力于建筑形式的准确，不加装饰而追求外形秀丽。都是雕刻的趣味重，是雕刻。响堂山石窟的窟廊认真模仿木结构，有过于笨拙之感，但更富于建筑的趣

味。至于将石窟外观雕凿成四门塔形式，则是独创的形式，应是由陵墓的性质决定的。

响堂山石窟窟内有用中心柱、不用中心柱两种形式。北响堂第 4、7 两窟，南响堂第 1、2 两窟均为中心柱窟。中心柱背面凿成可以穿行的过洞，其他三面为高达窟顶的走道。北响堂第 4 窟及南响堂第 1 窟中心柱均在正面辟一龛，北响堂第 7 窟及南响堂第 2 窟中心柱三面各作一龛。而北响堂第 4 窟在正面龛内本尊背后左右又各凿一小洞与柱后过洞连通，并在龛内洞口外各作两狮子守护［图版 42、45（原图版 119、122）］，亦为仅见之例。北响堂第 1、2 窟，南响堂的第 7 窟外观都是四门塔形，并均无中心柱，可能窟外观与有无中心柱有相应关系？

插图九　云冈第 10 窟廊柱雕饰

综合以上记叙，现在可以就陵墓问题略作推论。从塔形窟（南七窟、北二窟）之外观来看，即为佛教徒之墓塔，作为陵墓势所必然。加以北齐帝王崇信佛教，尤以高洋为甚。据《北齐书·帝纪四》：“（天保）十年春正月……甲寅，帝（高洋）如辽阳甘露寺。……二月丙戌，帝于甘露寺禅居深观，惟军国大事奏闻。”可知高洋崇佛之深，以比丘自居，生时习禅深观，死后作墓塔是必然的。而记载中或称陵在柱背，或称在天宫。前者当即中心柱背之过洞，后者当即墓塔覆钵之内，故北响堂一窟覆钵正面上作门，以便安置棺椁也。由此看来，似中心柱窟与四门塔形窟均有为北齐陵墓的可能。至于何窟为何人之陵，则尚待深入研究。

除上述有窟廊各窟外，一般窟的外观为北魏末或天龙山形式，而局部形象多变化，或附加装饰。如北响堂第 2 窟，门两侧金刚力士雕深龛，门内侧作浑厚有力的卷草纹［图版 35、36（原图版 108、109）］。又有作双重门者，如北响堂第 4 窟［图版 40、41（原图版 117、118）］，第一重门高大，第二重门较低，上加明窗，两门之间通道壁上雕菩萨一龛。

窟内概况　窟内有中心柱者，走道狭窄，光线暗淡，一般只于壁面作小龛，雕刻不精。或如北响堂第 7 窟窟内较宽广，即于各壁面浮雕四门塔形龛，东西壁各并列五龛［图版 46（原图版 125）］，一如窟外所表现的四门塔形。此或与石窟的特殊用途——陵墓——有一定关系。

无中心柱各窟都是方形窟，三面作佛龛，平顶藻井，大抵沿用巩县第 5 窟布置形式。窟顶藻井中心雕莲花，各窟繁简不一，如北响堂第 2 窟中心莲花较大［图版 39（原图版 115）］，四边饰宝珠与四壁相连，四角以大叶花填空。南响堂第 5 窟，中心莲花外环列飞天，惜泐蚀不清［图版 52（原图版 150）］。而南响堂第 7 窟的浮雕较浅、较精［图版 58（原图版 169）］，中心莲花较小，外环伎乐天八身，为各窟藻井最精者。但若与巩县第 5 窟相比，已完全是另一风格，不但构图简化，而且毫无巩县那种活泼欢乐的气氛，雕刻亦有草率粗糙之感。

各窟壁龛 各窟均为每壁一龛。龛内或一佛五尊或一佛七尊不等［图版 37、55（原图版 110、162）］。各龛本尊多坐叠涩座，间有坐莲花座或须弥座者。弟子、菩萨等多立于仰莲或覆莲座上。南响堂第 7 窟于龛内后壁上方雕千佛［图版 55、56（原图版 162、164）］，亦此处特点。

南、北响堂各窟内多有刻经。北响堂第 2 窟外有北齐《晋昌郡公唐邕写经记》碑，详记其事。

雕像风格 南、北响堂山雕像作风不同，现先述北响堂石窟。

北响堂第 2 窟［图版 38（原图版 114）］各壁本尊像、第 4 窟中心柱本尊［图版 42（原图版 119）］及第 7 窟中心柱本尊［图版 47（原图版 131）］，三窟各异其趣。第 2 窟身躯适中，肩略宽；第 4 窟身躯萎缩，衣纹紧密缠绕，且与两胁侍高大形体不相称；第 7 窟身躯过于肥大。三者头像面目特殊，趣味不高，似均为后代补作，其时代极晚。但各窟弟子、胁侍均属北齐标准形式——瓶形身躯，且有华丽的佳作。如第 4 窟两胁侍菩萨可为代表［图版 43、44（原图版 120、121）］，身躯比例适度，衣纹自上至下反复折叠如卷云，亦为北齐特色。造型、衣纹均胜于其他各窟，惜头部经后代装修，已失原貌。

第 4 窟门外壁菩萨像［图版 41（原图版 118）］、第 7 窟中心柱龛内胁侍菩萨像［图版 48（原图版 135）］，四肢均具动态，鼓腹微裸，已稍有活泼姿态，为盛唐菩萨像之先导，甚为重要，但此种雕像为数极少。

第 2 窟各龛内胁侍菩萨、弟子像［图版 38（原图版 114）］，均为标准的北齐作风，惜全部失去头像［插图一〇］。第 7 窟中心柱座上所雕神王，每像一小龛，雕刻一般，但较他窟华丽，如火焰龛楣、两龛间立柱宝珠，均精工细作。似为第 7 窟曾被特殊重视之反映。

插图一〇　北响堂第 2 窟胁侍像

南响堂雕像风格一般与北响堂差别不大，但雕工较细致。如第 7 窟［图版 54、55（原图版 161、162）］，本尊坐像下裳紧缠腿上，略覆于座；弥勒像下裳垂于两腿间。第 5 窟各像略与此同［图版 51（原图版 148）］。第 1 窟中心柱正面龛内雕像保存较好，头像较完整，最为难得。面相与北响堂迥然不同，丰满、清秀、小嘴、下颊长［图版 50（原图版 145）］，在响堂山各窟中此为佳作。其他胁侍像亦多失去头部，保存较好者如第 7 窟［图版 57（原图版 167）］，亦为瓶形身躯，上大下小，衣纹形式同北响堂而较简洁。座上所雕神王则粗率，远逊于北响堂［插图一一］。

插图一一　南响堂石窟造像

如上所述，南、北响堂山应为两组雕刻师雕作。其作风大体一致，又各具有个人风格。北响堂似较粗放，而南响堂较细腻，技艺亦各有高下，但以艺术论似北胜于南。北响堂各窟中又以第 7 窟为胜，似又反映出第 7 窟是一个重要的窟，故遴选高手执刀。次为北响堂第 4 窟，其余又次于第 4 窟。

东魏、北齐间，经过天龙山等石窟短暂时间的试探，至南、北响堂山石窟已形成一种较普遍地受到社会赞同的风格。这就是上文多次说过的立像为上大下小的圆柱体空间结构，衣长紧附形体，雕刻浅薄。前期的以线条为主的北魏形式、风格，已不再见，完全换成了以表现体积为主的新形式、新风格。从艺术的角度看，这种新风格不如前期那样引人入胜——艺术感染力不强，也可能是新的基础已经具备，还缺乏加工修饰。故北齐雕刻只能是北魏至隋唐间的过渡作品。

小南海三石窟 小南海在灵泉寺东南约 5 公里，其地共有小石窟三所，以其位置称西、中、东窟，并都是宽、深、高均在 1.3 至 1.78 米的小窟，方形覆斗顶。中窟窟门上方有天保元年（公元 550 年）铭，故其他两窟大致也是天保年间所作。东西两窟雕刻保存不佳，中窟有精彩的浮雕。

西窟［图版 66（原图版 182）］门楣雕饰极精，构图巧妙，题材奇谲［图版 69（原图版 185）］。门一侧浅雕供养人像，上下四排，每排六人［图版 70（原图版 186）］，用减地平鈒雕法，古朴可爱。窟内沿正面及左右三壁凿成坛形座。其上正壁坛上又雕方座，本尊结跏趺坐于方座上，左右立二弟子。左右两壁坛上各雕立佛三尊［图版 71、72（原图版 187、188）］。本尊后壁上浅雕背光、头光，左右二尊均只浅雕头光。各像衣纹仅就其轮廓结构极简要地浅雕几条线，其余壁面均不作任何雕饰。

东窟窟内雕刻大致与西、中两窟相仿，窟门残损严重，已不辨原状［图版 68（原图版 184）］，但窟门外左侧崖面，浮雕似亭阁等建筑形象，其内容尚待考证。

中窟窟门上方有铭文［图版 73（原图版 189）］，记天保元年灵泉寺僧方法师创刻此窟，至天保六年（公元 555 年）“大德稠禅师重莹修成……”。门楣雕饰奇谲，与西窟相类［图版 74（原图版 190）］，左右楣脚下又各作一龛，龛内雕像内容待考（非神王），门外右侧刻《华严经谒赞》及《大般涅槃经圣行品》。细察此窟外观全景［图版 67（原图版 183）］，似系就崩塌大块崖石雕刻，然后安装拼合成窟，是亦为开凿雕刻石窟的特殊方式。

中窟窟内覆斗顶，壁面不开龛，沿壁凿成“冂”形的低矮基坛，正面坛上本尊坐叠涩座上，二弟子立坛上佛座旁［图版 75（原图版 191）］。本尊背光左侧旁浮雕僧稠供养像及榜题。左右壁坛上各立佛三尊，均立覆莲座上［图版 76、77（原图版 192、193）］。各像头部均已失去。窟内雕像均为北齐作风，而刻工精细远在西窟之上。尤其在全窟雕像背后壁面上，满用“浅”浮雕作为背景。这些“浅”浮雕是北齐各石窟中最精美的作品［图版 79（原图版 196）］。我们在“浅”字上加了引号，因为严格地说，它不是浅浮雕，而是浮雕、线雕和减地平鈒三种雕刻形式相配合的作品。全部雕刻基本采用减地平鈒法，将所雕人像、物品大轮廓外所有空隙处的石面，一概雕成深度相等的平面（即减地平鈒），然后将脸、臂、手等处重点加工成浅浮雕，其余身躯等凸起的平面上再重点加刻线纹。这种雕刻，初看时极易误为浅浮雕，略加审视又不似浅浮雕，细加分析，才明白是几种雕刻形式相配合的作品。

在巩县石窟中，我们已发现它们以全窟为整体，分别在各部分使用不同雕刻形式，以突出主题，加强构图层次。此处则用同一方法雕刻佛像，取得了新颖优异的效果。它是这一时期的新创造，是对雕刻发展史的新贡献。

此窟还有两项内容应予注意：北魏高僧多习禅，此窟涉及的道凭、灵裕、僧稠都曾习禅。大留圣窟铭“道凭法师造”，此窟铭“大德稠禅师重莹修成”，本尊背光下侧又有“比丘僧稠供养”榜题。考虑到这些窟规模极小，颇疑其为禅僧特为禅观建立的禅窟。又中窟西壁浮雕榜题有“某品某生”数榜，又有“八功德水”［图版 80、81（原图版 197、198）］，东壁有“弥勒为□众说法时”［图版 78（原图版 195）］等榜题，都是研究当时宗教内容和历史的有关资料。

又佛像螺发，始见于南、北响堂山，但这里全部佛像均雕出螺发，其渊源无从查考。而几乎全部本尊像均经后代修改，尤其头像为甚，或亦认为螺发系后代改作，但亦难证实，姑志于此。

五、天龙山第8窟及安阳灵泉寺大住圣窟

这一节所叙述的两个窟，是本卷涉及的两个有明确纪年的隋代窟。

天龙山第8窟 此窟有隋开皇四年（公元584年）铭，窟外凿三间窟廊，与同地区凿于北齐的第16窟窟廊，在建筑上显著不同。它已不是自北魏开始的旧做法——柱头栌斗上用通联三间的檐额，额上用斗栱及承椽方，而是柱子直抵承椽方下，在各柱之间，每间用阑额、斗栱及承椽方。这在建筑上是一个重大发展的开始。

在天龙山这是不多见的中心柱窟。窟门置尖拱形门楣，楣脚下立柱、狮柱础及门两侧神王雕像简练，与北齐各窟近似。窟内各壁每壁一龛，本尊结跏坐于龛内叠涩座上［图版29（原图版96）］，弟子、胁侍立于龛外两侧壁前覆莲座上。

此窟与天龙山其他各窟一样，遭受严重破坏，造像均失去头部，仅从残存身体衣纹略得其作风、形态。其躯体轮廓大体仍如北齐之管形，但已不是“直”管，并开始考虑到人体的结构，略加表示出来，所以外观也不是简单地突出体积感，而是消除了管形的垂直感和笨拙感，稍显活泼。衣纹仍贴身简练，但体形略变，颇有清新之趣。但图版29所见本尊右侧衣纹，自腕臂上循至肩又下弯至右胁，十分奇特，不合实际。不知何故出此败笔，或系经后代修改。幸仅此一例。

大住圣窟 在灵泉寺西500米的宝山南麓。门左雕那罗延神王，右雕迦毗罗神王。门及神王上方有隋开皇九年（公元589年）铭［图版82（原图版207）］，记开窟及雕刻尊像用工数等，因知窟内三壁龛内系卢舍那、弥勒、阿弥陀三世尊像，以及门内东侧雕传法圣师二十四人像，西侧雕《大集经月藏分》《摩诃摩耶经》。

窟外门侧两神王各高2米余。其雕刻刀法与前述小南海中窟浮雕同，但减地平鈒的减地较深，更觉严隽清新，是极富创造性的作品，亦为安阳诸窟作品中之佼佼者［图版83、84（原图版209、210）］。

窟内正壁及左右壁各开一大龛，龛两侧各留一窄条壁面，于壁上重叠雕七佛小龛。大龛正中均雕一佛三尊，当即卢舍那等三世尊［图版85（原图版211）］。其雕像承袭北齐形态但衣纹雕刻较深，坐像又复采用下裳垂覆座外的形式，不过垂下的长度很短。但综观全龛，又感与北齐风貌有一定的距离。细加审视，系龛形及龛内构图有较大变化

［插图一二］。

此窟三龛均无前期常见的龛楣等装饰，龛上沿弧线较平，龛背壁面一反自北魏开始惯用的圆弧曲面，而为平正的直面。而龛沿自窟内壁面垂直凿入的深度不大，于是龛内的空间减小，不得不将龛内雕像并列，一佛三尊成为平行的一列，全部面向前。这就改变了自太和初期以来龛像的构图——主像面向前端坐，弟子、菩萨依次略转身向佛侧立的格局。它使全窟增加了固定、呆板的气氛。这种构图是逐步形成的，自天龙山最早的各窟即开始改变。先是像龛的进深减小，如天龙山第2、3窟龛内空间缩小，一佛二菩萨排列拥挤，甚至有些龛已将胁侍置于龛外。其次是南、北响堂，安阳各窟，将龛平面改为外宽内窄的梯形，弟子像与本尊并列，菩萨像侧身立于龛沿，而天龙山隋代第8窟本尊在龛内，弟子、菩萨均在龛外。由此各种不同的变化，似可窥见其改革、提高是逐步试探着进行的。

插图一二　安阳大住圣窟西壁龛三尊像

窟门内东侧减地平钑“世尊去世传法圣师”图，雕圣师二十四人［图版86（原图版215）］。按后代对传法祖师颇有不同意见，天台宗主张二十四祖，禅宗主张二十八祖。此图列二十四祖，似可说明二十四祖是较早的意见。全图分为上下六栏，每栏雕四像，两两对坐，像下雕说明，雕工精细，但由各像线刻面容看，艺术水平不高。说明文字用楷书字体，间带隶意，亦有异体字，如“弟子阿难迦维罗卫国斛饭王子”中之“斛”写作“斵”，凡此均略存魏碑字意。

此两窟均作于隋，与北齐最后一年（公元577年）相距七至十二年，又皆在同一地区，故其作风大体一致，亦无显著区别。但从局部特点看，隋窟已开始注意艺术美的修饰，以消除笨拙，活跃形体，注重结构，趋向于新风格的开创。而从建筑雕凿认真仿木结构以及某些雕法——如减地平钑——使用更早的传统形式技法看，似又带有尊古之意？

作者原注

一、《刘敦桢文集》(三)《河北、河南、山东古建筑调查日记》第109页，中国建筑工业出版社1987年版。王去非《参观三处石窟笔记》,《文物参考资料》1956年第10期。

二、《梁思成文集》(三)《中国雕塑史》第310页，中国建筑工业出版社1985年版。

三、《梁思成文集》(三)《中国雕塑史》第332页，中国建筑工业出版社1985年版。

四、同注一。

(原载《中国美术全集·巩县天龙山响堂山安阳石窟雕刻》，文物出版社，1988，本卷选用时据作者批注等略有修订)

图 版

说明：原书图版215幅，本卷择要选录86幅，重编序号并注明原书图号（其中一些图注系据作者批注修改），以便读者参阅。

图版 1　坐佛胸像　巩县石窟寺遗址出土（原图版 1）

图版 2　巩县石窟第 1 窟外景（原图版 2）

图版 3　巩县石窟第 1 窟外檐立佛（头部）（原图版 3）

图版 4　巩县石窟第 1 窟内西南隅内景（原图版 8）

图版 5　巩县石窟第 1 窟内东南隅内景（原图版 9）

图版 6　巩县石窟第 1 窟内北壁第 1 龛坐佛像（原图版 12）

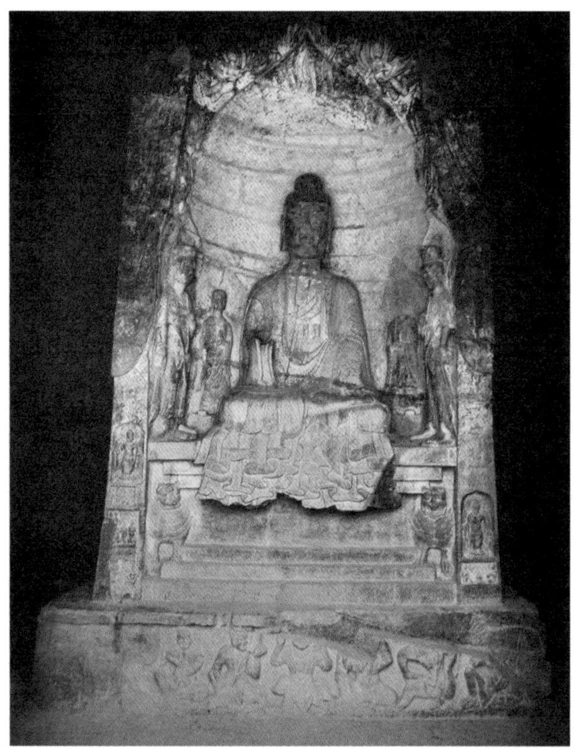

图版 7　巩县石窟第 1 窟中心柱南面龛全景（原图版 16）

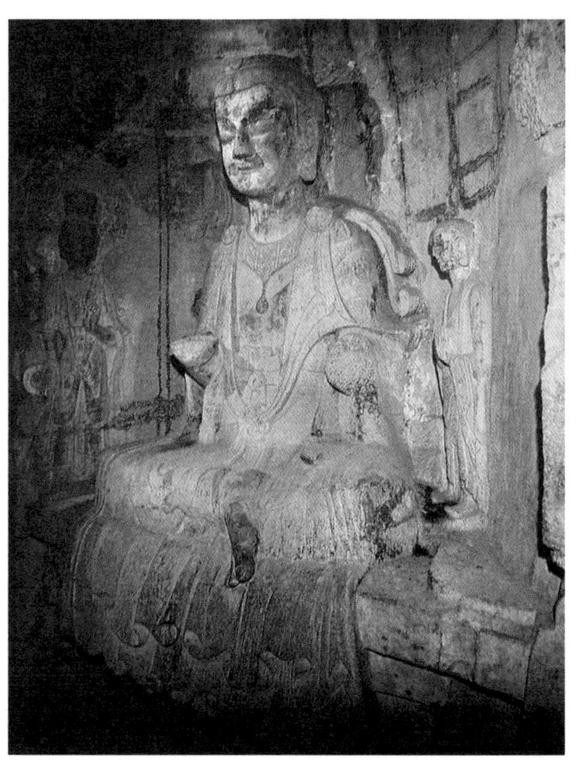

图版 8　巩县石窟第 1 窟内东面龛本尊全景（原图版 19）

图版 9　巩县石窟第 1 窟内东面龛本尊（局部）（原图版 20）

图版 10　巩县石窟第 1 窟中心柱北面龛本尊（原图版 21）

图版 11　巩县石窟第 3 窟东壁全景（原图版 23）

图版 12　巩县石窟第 3 窟东壁主龛（原图版 24）

图版 13　巩县石窟第 3 窟中心柱正面龛全景（原图版 27）

图版 14　巩县石窟第 3 窟中心柱南面龛楣飞天（原图版 29）

图版 15　巩县石窟第 4 窟西南隅内景（原图版 30）

图版 16　巩县石窟第 4 窟西壁主龛坐佛及左胁侍像（原图版 33）

图版 17　巩县石窟第 4 窟中心柱南面全景（原图版 34）

图版 18　巩县石窟第 1 窟礼佛图局部（南壁东侧第二层中部）（原图版 44）

图版 19　巩县石窟第 4 窟礼佛图局部（原图版 60）

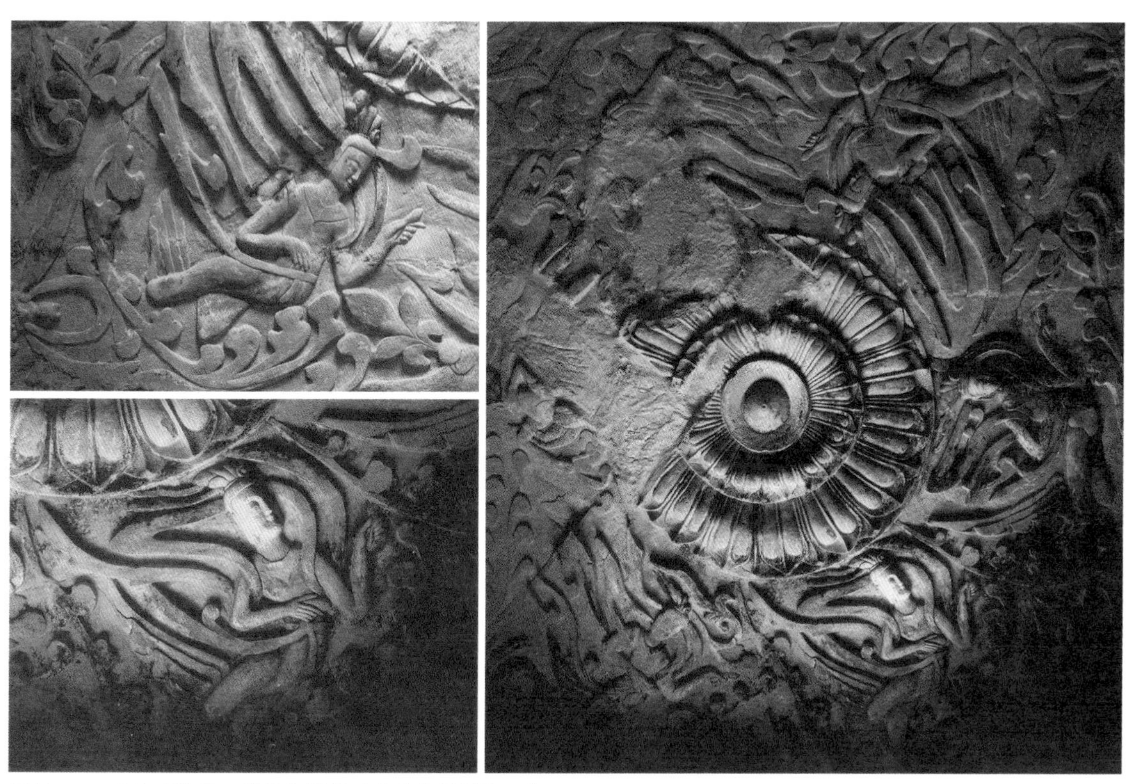

图版 20　巩县石窟第 5 窟藻井莲花及飞天（原图版 74）

图版 21　巩县石窟第 1 窟外壁第 97、98 龛（原图版 75）

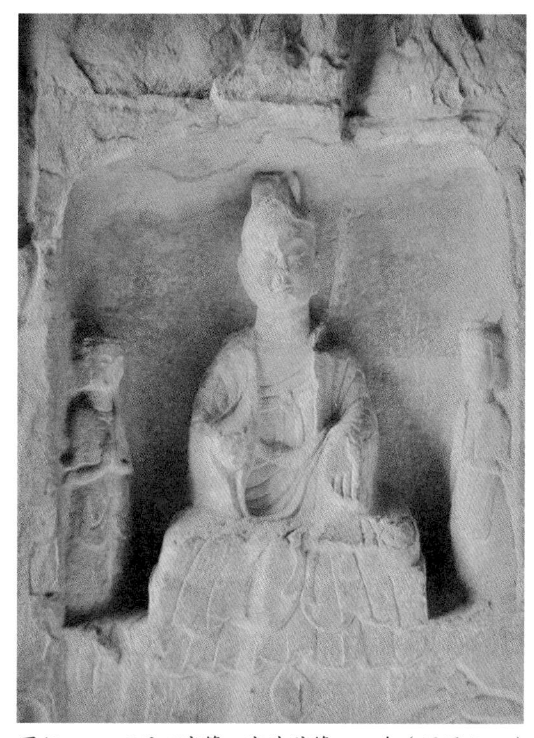

图版 22　巩县石窟第 5 窟外壁第 209 龛（原图版 86）

图版 23　天龙山东峰石窟外景（原图版 87）

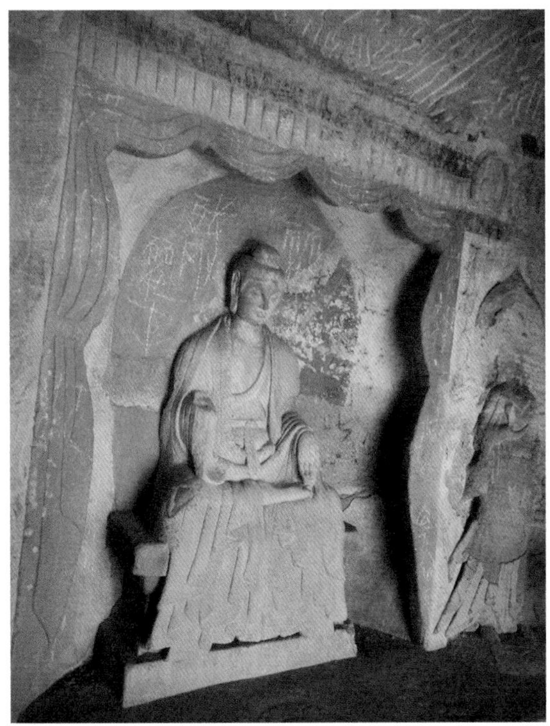

图版 24　天龙山东峰第 3 窟坐佛（头部系据历史照片仿雕）（原图版 89）

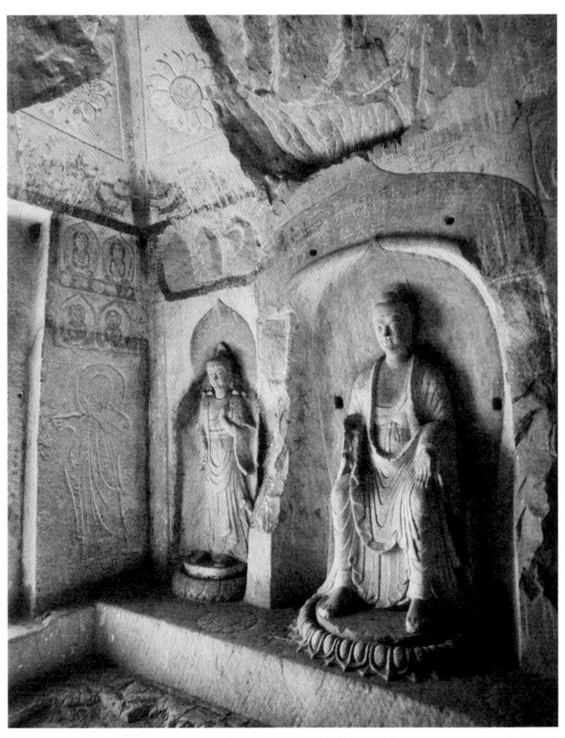

图版 25　天龙山东峰第 3 窟倚坐佛像（头部系据历史照片仿雕）及右胁侍菩萨像（原图版 90）

图版 26　天龙山东峰第 4 窟坐佛像（原图版 92）

图版 27　天龙山东峰第 4 窟坐佛像（原图版 93）

图版 28　天龙山东峰第 4 窟外壁（原图版 94）

图版 29　天龙山东峰第 8 窟坐佛及左胁侍菩萨像（原图版 96）

图版 30　天龙山西峰第 16、17 窟外景（原图版 99）

图版 31　天龙山西峰第 13 窟内东壁三尊像（原图版 101）

图版 32　北响堂山石窟远景（原图版 105）

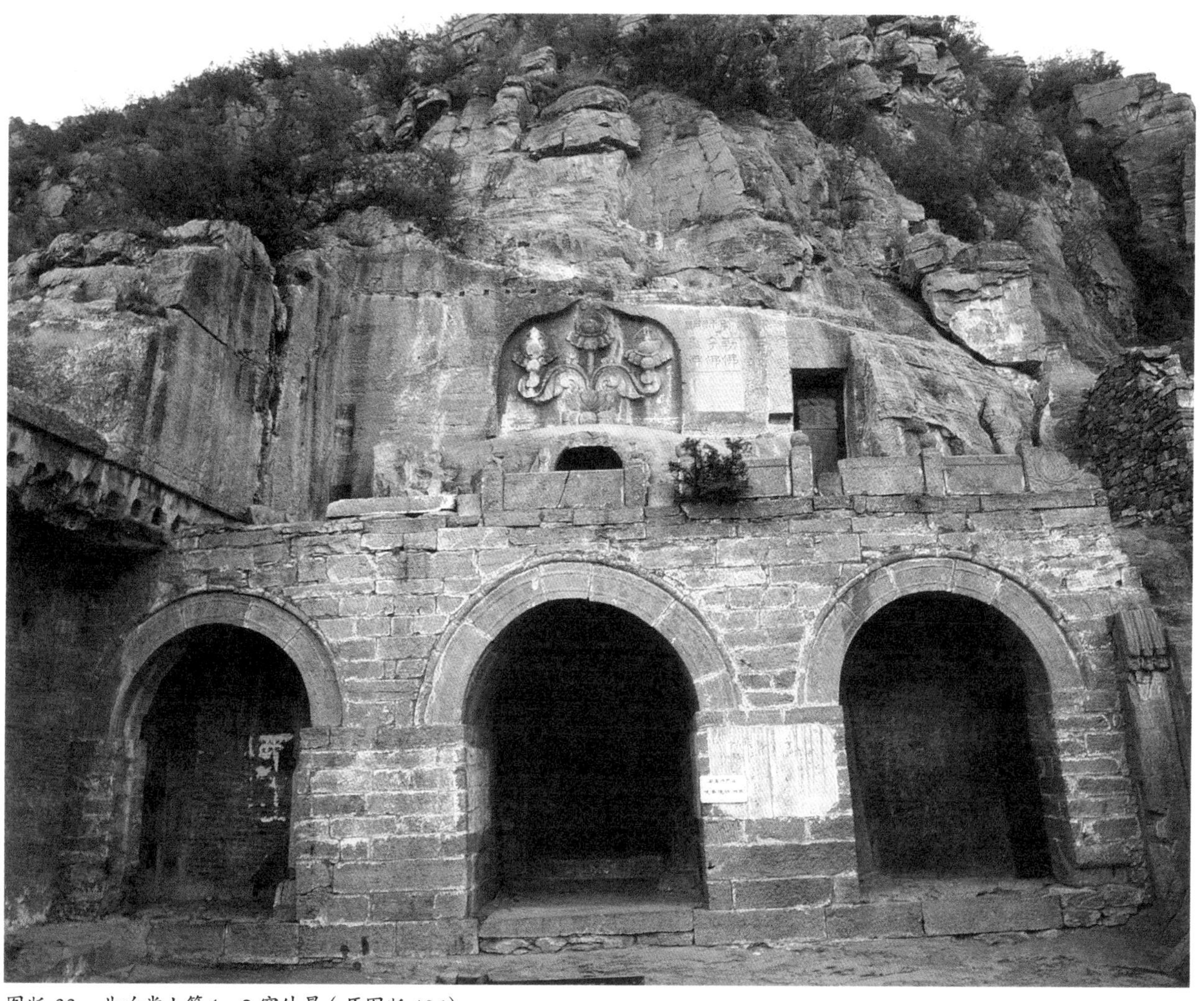

图版 33　北响堂山第 1、2 窟外景（原图版 106）

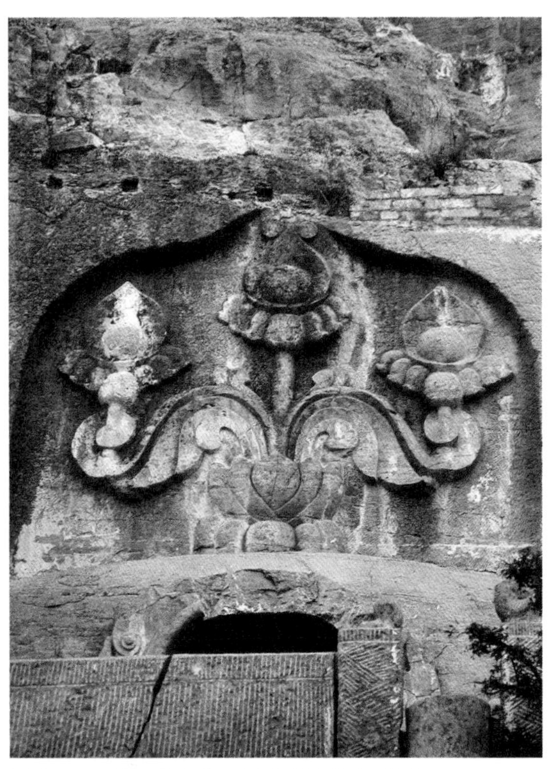
图版 34　北响堂山第 1 窟窟顶雕饰（原图版 107）

图版 35　北响堂山第 2 窟金刚力士像（原图版 108）

图版 36a　北响堂山第 2 窟门楣及门框雕饰（原图版 109）

图版 36b　北响堂山第 2 窟门框雕饰细部（原图版 109）

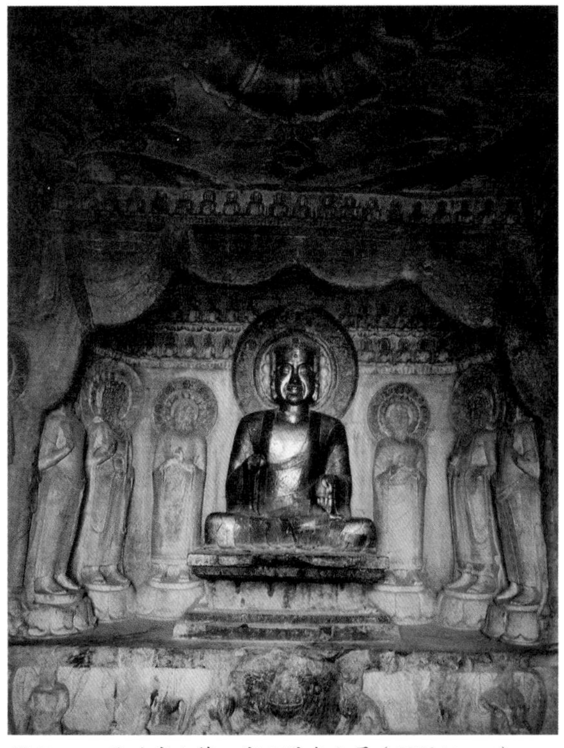
图版 37　北响堂山第 2 窟正壁龛全景（原图版 110）

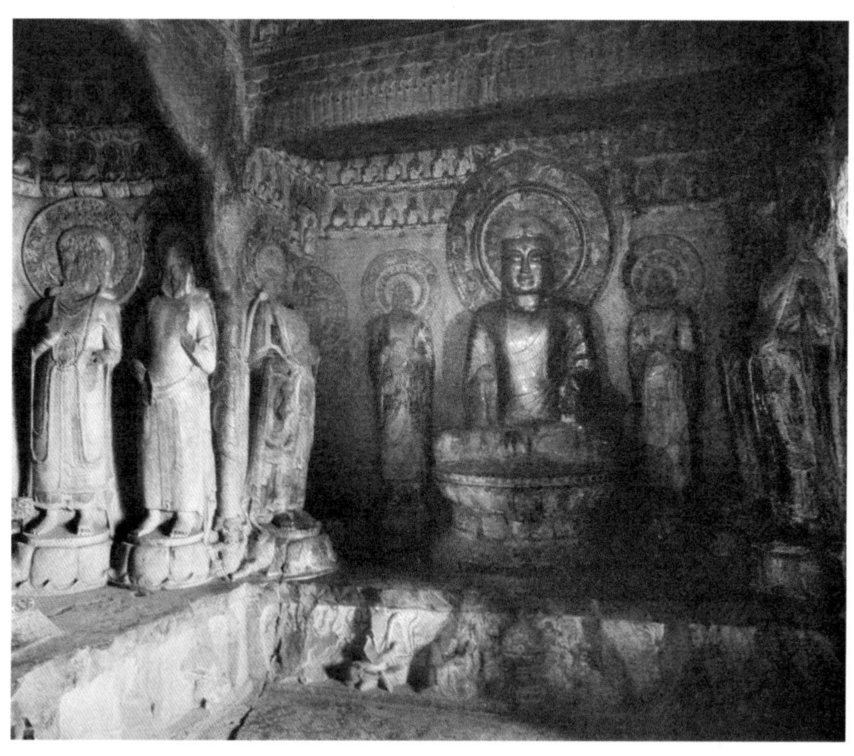

图版 38　北响堂山第 2 窟南壁龛全景（原图版 114）

图版 39　北响堂山第 2 窟藻井莲花雕饰（原图版 115）

图版 40　北响堂山第 4 窟窟门近景（原图版 117）

图版 41　北响堂山第 4 窟窟门外侧右胁侍菩萨像（原图版 118）

图版 42　北响堂山第 4 窟中心柱正壁龛全景（原图版 119）

图版 43　北响堂山第 4 窟左胁侍像（原图版 120）

图版 44　北响堂山第 4 窟右胁侍像（原图版 121）

图版 45　北响堂山第 4 窟狮子像（原图版 122）

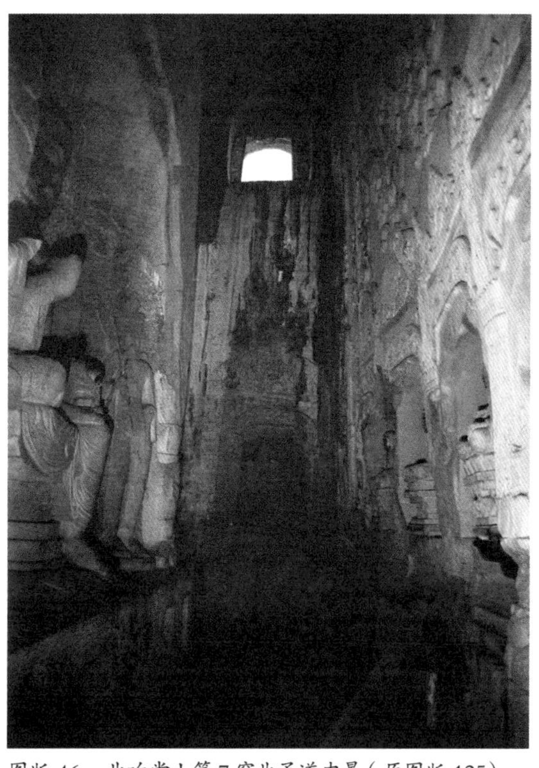

图版 46　北响堂山第 7 窟北甬道内景（原图版 125）

图版 47　北响堂山第 7 窟坐佛像（原图版 131）

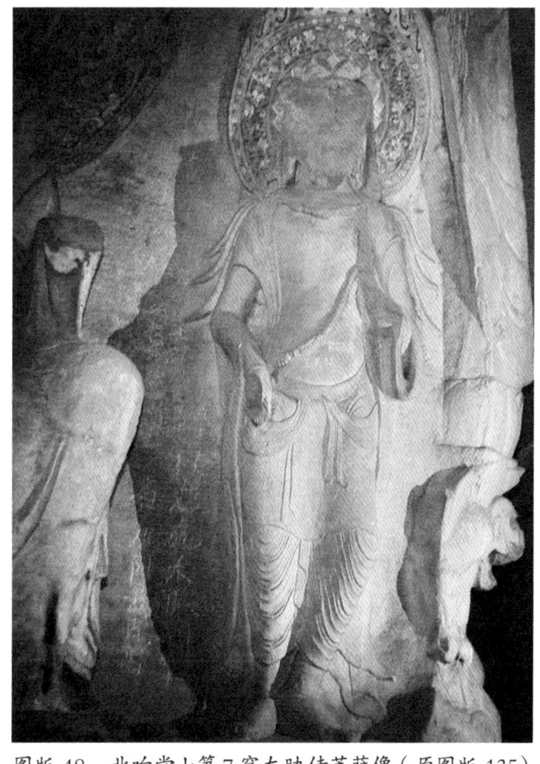

图版 48　北响堂山第 7 窟左胁侍菩萨像（原图版 135）

图版 49　南响堂山外景，上层右起依次为第 4 至 7 窟（原图版 143）

图版 50　南响堂山第 1 窟坐佛像（原图版 145

图版 51　南响堂山第 5 窟南壁龛全景（原图版 148）

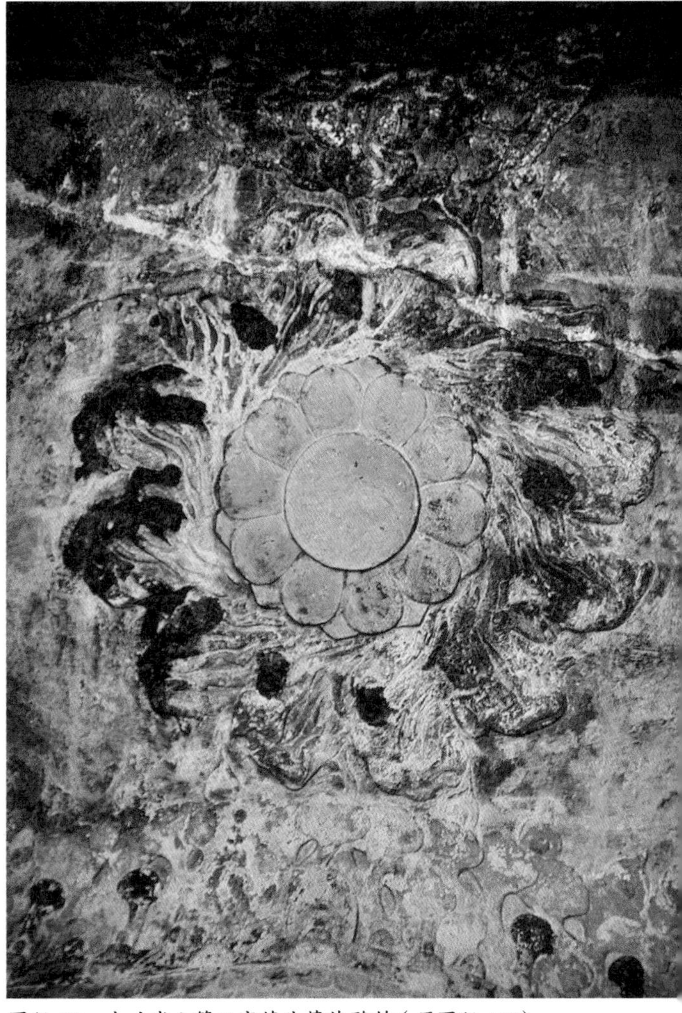

图版 52　南响堂山第 5 窟藻井莲花雕饰（原图版 150）

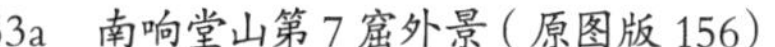

版 53a　南响堂山第 7 窟外景（原图版 156）

图版 53b　南响堂山第 7 窟窟廊上部（原图版 157）

反 54　南响堂山第 7 窟正壁龛全景（原图版 161）

图版 55　南响堂山第 7 窟南壁龛全景（原图版 162）

图版 56　南响堂山第 7 窟正壁龛坐佛背光（原图版 164）

图版 57　南响堂山第 7 窟右胁侍弟子、菩萨像（原图版 167）

图版 58　南响堂山第 7 窟藻井雕饰（原图版 169）

图版 59　安阳灵泉寺岚峰山远景（原图版 173）

图版 60 大留圣窟外景（原图版 175）

图版 61 大留圣窟东南隅内景（原图版 176）

图版 62　大留圣窟卢舍那佛坐像（原图版 177）

图版 63　大留圣窟阿弥陀佛坐像（原图版 178）

图版 64　大留圣窟弥勒佛坐像（原图版 179）

图版 65　大留圣窟神王之一、之二（原图版 180）

图版 66　小南海西窟外景（原图版 182）

图版 67　小南海中窟外景（原图版 183）

图版 68　小南海东窟外景（原图版 184）

图版 69　小南海西窟近景（原图版 185）

图版 70　小南海西窟外壁供养人群像（原图版 186）

图版 71　小南海西窟坐佛像（原图版 187）

图版 72　小南海西窟三尊像（原图版 188）

图版 73　小南海中窟近景（原图版 189）

图版 74　小南海中窟窟门（原图版 190）

图版 75　小南海中窟正壁全景（原图版 191）

图版 76　小南海中窟东壁（原图版 192）

图版 77　小南海中窟西壁（原图版 193）

图版 78　小南海中窟佛说法图（原图版 195）

图版 79　小南海中窟佛说法图（原图版 196）

图版 80　小南海中窟九品往生图（原图版 197）

图版 81　小南海中窟九品往生图（原图版 198）

图版 82　大住圣窟近景（原图版 207）

图版 83　大住圣窟外壁那罗延神王像（原图版 209）

图版 84　大住圣窟外壁迦毗罗神王像（原图版 210）

图版 85　大住圣窟外壁正壁龛全景（原图版 211）

图版 86　大住圣窟传法圣师图（原图版 215）